高效种植关键技术图说系列

图说甘蓝高效栽培关键技术

张恩慧　编著

金盾出版社

内　容　提　要

本书由西北农林科技大学园艺学院张恩慧教授编著，以图解文说方式，介绍甘蓝高效栽培的关键技术。内容包括：甘蓝的栽培类型，甘蓝抗病优质品种介绍，甘蓝生长发育过程和对环境条件的要求，甘蓝的主要栽培季节与栽培要求，甘蓝的育苗技术，春甘蓝露地栽培、春甘蓝覆盖栽培、夏甘蓝栽培、高山越夏甘蓝栽培和秋甘蓝栽培技术，以及甘蓝主要病虫害的防治技术等。全书内容新颖，技术先进，重点突出，形象直观，科学实用，可操作性强。适合广大种菜者、菜农和基层农业技术推广人员学习使用，也可供农业院校有关专业师生阅读参考。

图书在版编目(CIP)数据

图说甘蓝高效栽培关键技术/张恩慧编著. -- 北京：金盾出版社，2010.6
(高效种植关键技术图说系列)
ISBN 978-7-5082-6381-6

Ⅰ.①图… Ⅱ.①张… Ⅲ.①甘蓝类蔬菜—蔬菜园艺—图解 Ⅳ.①S635-64

中国版本图书馆 CIP 数据核字(2010)第 059894 号

金盾出版社出版、总发行
北京太平路 5 号(地铁万寿路站往南)
邮政编码:100036　电话:68214039　83219215
传真:68276683　网址:www.jdcbs.cn
北京蓝迪彩色印务有限公司印刷、装订
各地新华书店经销
开本:787×1092 1/32　印张:4　彩页:128　字数:40 千字
2010 年 6 月第 1 版第 1 次印刷
印数:1～10 000 册　定价:16.00 元

目　　录

一、甘蓝的栽培类型

（一）甘蓝的栽培概况

甘蓝通常是结球甘蓝的简称，又称莲花白、洋白菜和卷心菜；为十字花科、芸薹属蔬菜，是甘蓝类的一个变种，二年生草本植物，第一年形成叶球，第二年开花结籽。

甘蓝具有耐寒、抗热、耐抽薹、根系再生能力强等特性，表现在栽培中适应性强和广，栽培简单、容易。甘蓝具有丰富的种质资源和栽培品种，基本可分为早、中、晚熟三种类型。选用适宜品种，排开播种栽培，分期收获，能达到周年均衡供应。甘蓝在寒冷地区适宜夏季栽培，在冷凉地区适宜春、夏、秋季栽培，在较热地区适宜秋、冬、春季栽培。近年来，甘蓝耐先期抽薹品种的育成，加之设施栽培的发展，使北方地区春甘蓝栽培面积发展迅速，提早或延长了鲜菜供应期。

（二）按植物学分类的品种类型

1.绿球或白球甘蓝 植株外叶为绿色或灰绿色（图1-1），

叶片为绿色

叶片为灰色

图 1-1 绿球或白球甘蓝

叶球外层球叶有几片到十几片，为绿色或黄绿色，内层球叶为白色，这是我国各地普遍栽培的类型。

2.红球或紫甘蓝 植株外叶和叶球均为紫红色，叶球的外层球叶紫色较浅，内层紫色较深（图1-2），叶球可供生食或熟食。在我国栽培较少，近年有一定栽培面积。

外叶红绿色

外叶灰紫色

图1-2 紫甘蓝

3.皱叶甘蓝 植株叶片表面非常皱缩，叶色为绿色或黄绿色（图1-3），主要用于熟食，在我国栽培极少。

叶片为绿色

叶片为黄绿色

图1-3 皱叶甘蓝

（三）按叶球形状分类的品种类型

1.平头甘蓝 叶球的纵径与叶球横径之比值（球形指数）一般小于0.8。植株较大，叶球为扁圆或扁球形，叶球顶部扁平（图1-4），叶球较大，结球紧实，耐贮藏和耐运输，多为晚熟的大型或中熟的中型品种。

晚熟品种

中晚熟品种

中熟品种

图1-4 平头甘蓝

2.圆头甘蓝 叶球的纵径与横径之比值（球形指数），一般变化范围在0.8～1.2之间。叶球圆球形（图1-5），外叶少而生长紧密，叶球中心柱较短，包心紧实，多为早熟或中熟品种。

极早熟品种

图1-5 圆头甘蓝（一）

早熟品种

中熟品种

图 1-5　圆头甘蓝（二）

3.尖头甘蓝　叶球的纵径与横径之比值（球形指数），一般大于1.2。植株较小，叶球小而尖，呈心脏形，形似牛心或鸡心（图1-6）；叶片长卵形，向上直立生长，开展度小，中肋粗；叶球中心柱长，多为早熟品种。

图 1-6　尖头甘蓝

二、抗病优质甘蓝品种介绍

（一）早熟品种

1.秦甘50 为西北农林科技大学园艺学院育成的一代杂种，从定植到叶球收获历时48～50天。2007年通过国家品种鉴定。适于春季保护地和露地栽培，每667平方米定植4500～5000株，产量为3000～3500千克。叶深绿色，蜡粉少；叶球圆球形，单球重0.8～1千克；球内中心柱长5.8厘米，叶球紧实度为0.68。高抗病毒病、黑腐病和干烧心；耐弱光，冬性较强，不易未熟抽薹；耐裂球（图2-1）。

图2-1 秦甘50品种

2.8398 为中国农业科学院蔬菜花卉研究所育成的一代杂种，从定植到叶球收获历时55天左右。1998年通过国家品种审定。适于春季保护地和露地栽培，每667平方米定植4500株、产量为3300～3800千克。叶片绿色，倒卵圆形(图2-2)，蜡粉

图2-2 8398品种

少；叶球圆球形，黄绿色。单球重0.8～1.0千克；球内中心柱长6.9厘米，叶球紧实度为0.58。冬性较强，不易未熟抽薹；抗病毒病和干烧心。

3.秦甘60 为西北农林科技大学园艺学院育成的一代杂种，从定植到叶球收获需要60天左右。2001年通过国家品种审定。适于春季提早栽培和秋季延后栽培，每667平方米定植3300～3500株，产量为3500～4000千克。叶片深绿色，蜡粉中等；叶球扁圆球形，深绿色。单球重1.2～1.4千克；球内中心柱长6.8厘米，叶球紧实度为0.65。冬性强，不易未熟抽薹和裂球，抗病毒病、黑腐病和干烧心，兼抗霜霉病（图2-3）。

图2-3 秦甘60品种

4.中甘18 为中国农业科学院蔬菜花卉研究所育成的一代杂种，从定植到收获需55～60天。2001年通过国家品种审定。适于秋季早熟栽培和春季栽培，每667平方米定植3800株，产量为3400～3500千克。叶片绿色，蜡粉中等。叶球圆球形，绿色。单球重0.94千克；球内中心柱长6.8厘米，叶球紧实度为0.74。冬性强，耐裂球，抗病毒病和干烧心（图2-4）。

图2-4 中甘18品种

图 2-5　中甘 11 品种

5. 中甘 11　为中国农业科学院蔬菜花卉研究所育成的一代杂种，从定植到叶球收获历时 50～55 天。1989 年通过国家品种审定。适于春季保护地和露地栽培，每667平方米定植 4500 株，产量为 3000～3500 千克。叶片深绿色，蜡粉中等。叶球近圆球形，浅黄色。单球重 0.8 千克；球内中心柱长 7 厘米，叶球紧实度为 0.53。冬性较弱，抗病毒病和干烧心（图 2-5）。

6. 中甘 21　为中国农业科学院蔬菜花卉研究所育成的一代杂种，从定植到叶球收获历时 50～55 天。2002 年获得新品种保护。植株开展度约52厘米，外叶约15片，叶色绿，叶面蜡粉少。叶球紧实，圆球形，叶质脆嫩，品质优良，球内中心柱长约6厘米，单球重 1～1.5千克，每667平方米定植4000株，产量为3800千克左右。抗逆性强，耐裂球，不易未熟抽薹（图 2-6）。

图 2-6　中甘 21 品种

7. 绿球 66　为西北农林科技大学园艺学院育成的一代杂种，从定植到叶球收获历时66天左右。2005 年通过陕西省品种鉴定，2010 年通过国家品种鉴定。叶球圆球形，绿色；中心柱长 6.2 厘米，单球重 1.5 千克。高抗病毒病、黑腐病和霜霉病。冬性较强，不

图 2-7　绿球 66 品种

易未熟抽薹；抗裂球。叶层较多，叶质鲜嫩脆甜。适宜春季和晚秋栽培，每667平方米定植3 800～4 000株，产量为4 000～4 300千克（图2-7）。

8.东甘60　为东北农业大学园林学院育成的一代杂种，从定植到叶球收获历时55～65天。2007年通过国家品种鉴定。适应北方寒冷地区春、秋两季栽培，尤以秋季早熟栽培为好。叶球扁圆，球高14厘米，中心柱高6厘米，平均单球重2～2.5千克。每667平方米定植3000株，产量为4300千克（图2-8）。

图 2-8　东甘 60 品种

（二）中熟品种

1.秦甘70　为西北农林科技大学园艺学院育成的优质抗病一代杂种（图2-9），从定植到叶球收获历时70天左右。2000年通过陕西省品种审定，2003年又通过新疆维吾尔自治区品种鉴定。适宜早夏和秋

图 2-9　秦甘 70 品种

季栽培，春季也可栽培。每667平方米定植2600～3000株，产量为4100～4600千克。叶片灰绿色，蜡粉较多。叶球扁圆球形，绿色。单球重1.8～2千克。球内中心柱长6.5厘米，叶球紧实度为0.57。叶质脆甜，生食炒食均可。冬性强，包球紧实，不易裂球。高抗病毒病、黑腐病和软腐病。

2.珍 奇　由日本引进的杂种一代品种，主要适宜高山越夏栽培，从定植到收获历时70天左右。包球紧实，不易开裂，耐运输，耐热性好。单球重1.5～2千克，高山栽培每667平方米定植6000～7000株，产量为6500千克左右（图2-10）。

图2-10　珍奇品种

3.绿宝石　由韩国引进的杂种一代品种，主要适宜高山越夏栽培，从定植到收获历时65天左右。叶球圆球形，包球紧实，耐裂性强，耐贮运，耐热，抗病性强。单球重2千克，高山栽培每667平方米定植6000～7000株，产量为6500千克左右(图2-11)。

图2-11　绿宝石品种

4.秦甘80　为西北农林科技大学园艺学院育成的抗病优质一代杂种，从定植到叶球收获历时80天左

图 2-12　秦甘 80 品种

右。2000 年通过陕西省品种审定，2003 年又通过新疆维吾尔自治区品种鉴定。适宜越冬和秋季栽培，每 667平方米定植2 400～2 500株，产量为4 800～5 000 千克。叶片较大，绿色，蜡粉中等；叶球扁平，黄绿色。单球重 2～2.5 千克。叶球中心柱长6.2厘米，紧实度为0.55。球叶质地脆嫩，生食香甜，无芥辣味，熟食鲜美脆甜。冬性强，抗未熟抽薹。高抗病毒病、黑腐病和干烧心（图 2-12）。

5.夏　光　为上海市农业科学院园艺研究所育成的一代杂种，从定植到叶球收获历时 75 天左右。1984 年通过国家品种审定。适于越夏栽培。每667平方米定植3 300～3 500株，产量为2 500～4 000 千克。叶片灰绿色，蜡粉多；叶球扁圆球形，绿色。单球重1.2～1.3千克，球内中心柱长10.5厘米，叶球紧实度为0.52。耐热性强，抗病毒病和黑腐病较差（图2-13）。

图 2-13　夏光品种

6.中甘 8 号　为中国农业科学院蔬菜花卉研究所育成的一代杂种，从定植到叶球收获历时 70 天左右。1989 年通过国家品种审定。适宜早夏和秋季甘蓝栽培。每 667 平方米定植 2 600～3 000株，产量为 4 000～4 300 千克。叶灰绿色，蜡粉较多；叶球扁圆球形，绿色，单球重1.5～1.8千克。球内中心柱长6.8厘米，紧实度为0.54。较耐热，抗病毒病，易感黑腐病（图2-14）。

图2-14　中甘8号品种

7.京丰1号　为中国农业科学院蔬菜花卉研究所和北京市农林科学院联合育成的一代杂种，从定植到叶球收获历时85～90天。1984通过国家品种审定。适宜越冬和秋季甘蓝栽培。每667平方米定植2500株，产量为4000～5000千克。叶片淡绿色，蜡粉中等。叶球扁圆球形，绿色，紧实度为0.58，单球重2～2.5千克，球内中心柱长6.8厘米。冬性强，抗未熟先期抽薹。较抗病毒病，不抗黑腐病（图2-15）。

图2-15　京丰1号品种

（三）晚熟品种

1.秋　抗　为西北农林科技大学园艺学院育成的一代杂种，从定植到叶球收获历时100～120天。1990年通过陕西省品种审定。适宜秋、冬季栽培，每667平方米定植2000～2200株，产量为5500～6500千克。叶片深灰绿色，蜡粉中等。叶球扁平球形，稍鼓，绿色，紧实度为0.55。单

图 2-16　秋抗品种

球重3.5～4.5千克，球内中心柱长6.9厘米，球叶质地脆甜，风味品质优良。抗寒，耐贮运；抗病毒病、黑腐病和软腐病（图 2-16）。

2.晚　丰　为中国农业科学院蔬菜花卉研究所育成的一代杂种，从定植至叶球收获历时100～110天。1984年通过国家品种审定。适宜秋、冬季甘蓝栽培，每667平方米定植2200～2400株，产量为5000～6000千克。叶片绿色，蜡粉中等；中肋绿白色。叶球扁平球形，绿色，紧实度为0.55。单球重2.5～3千克，球内中心柱长11.8厘米。叶质粗硬有纤维，耐寒性中等，耐旱涝，耐贮运。较抗病毒病，易感黑腐病（图 2-17）。

图 2-17　晚丰品种

（四）紫甘蓝品种

1.紫　阳　为日本引进的一代杂种（图 2-18），自定植至叶球收获历时90天左右。适宜春、秋季栽培，每667平

图 2-18　紫阳品种

方米定植2400株，产量为4000千克。叶片紫红色，蜡粉较多。叶球圆形，单株重1.8~2千克，球内中心柱长6.5厘米，品质好。抗病毒病和黑腐病。

2.巨石红 由荷兰引进的一代杂种，从定植至叶球收获历时85～90天。适宜春、秋季栽培，每667平方米定植2200～2400株，产量为4500千克。叶片较大，叶片深紫色，蜡粉较少。叶球圆形稍扁，单球重2千克左右，球内中心柱长6.8厘米。耐贮性好，品质中等。较抗黑腐病和病毒病（图2-19）。

图2-19 巨石红品种

三、甘蓝生长发育过程和对环境条件的要求

（一）生长发育过程

1.营养生长时期

(1) 种子发芽期　从播种、种子萌动发芽，到出土后长出的第一对基生叶片展开，与子叶形成十字，所谓“拉十字”期（图3-1）。一般3～5天完成发芽期。

图3-1　第一对基生叶片展开与子叶形成“拉十字”

(2) 幼苗期　从第三枚基生叶展开，到第六至第七片真叶长出（图3-2）。幼苗期除根和外短缩茎的生长之外，主要长出一个叶环左右的叶子。一般需25～30天。

(3) 莲座期　从第七至第八片真叶展开到开始包球。莲座期因品种熟性不同所需天数也不等，早熟品种需20天左右，晚熟品种需40天左右（图3-3），中熟品种

图3-2　幼苗期结束时苗子大小

介于两者之间。

早熟品种

晚熟品种

图 3-3　甘蓝莲座期结束时植株大小

(4) 结球期　从开始包球到叶球充实、成熟（图 3-4），所需的天数，早熟品种相对较短，晚熟品种相对较长，一般需 25～70 天。

早熟品种

晚熟品种

中熟品种

图 3-4　甘蓝结球期结束时叶球大小

图 3-5 北方寒冷地区种株冬前窖藏休眠

(5) 休眠期　用于繁殖种子的种株，在露地越冬，或假植贮藏于窖中（图3-5）。到翌年气温回升，适宜生长时定植露地，顶芽开始生长，需30～80天。

2.生殖生长时期

(1) 孕蕾抽薹期　从花茎顶裂叶球到抽薹，需25～35天。

(2) 开花期　从显蕾（图3-6）、开花（图3-7）到全株花谢（图3-8），需30～35天。

图 3-6 开花初期植株抽薹显蕾

图 3-7 开花中期植株开花

(3) 结荚期　从花谢至角果变黄、种子成熟（图 3-9），需 30～40 天。

图 3-8　开花终期植株花谢

图 3-9　甘蓝结荚状态

（二）生长发育对环境条件的要求

甘蓝生长发育对环境条件的要求，如表 3-1 所示。

表 3-1　甘蓝生长发育所需要的环境条件

<table>
<tr><th rowspan="2">生长时期</th><th colspan="2">温　度</th><th colspan="2">水　分</th><th rowspan="2">光照</th><th rowspan="2" colspan="2">土　壤</th></tr>
<tr><th>生长温度(℃)</th><th>最适温度(℃)</th><th>空气相对湿度(%)</th><th>土壤湿度(%)</th></tr>
<tr><td>种子发芽期</td><td>7～25</td><td>23～25</td><td>70～85</td><td>90～95</td><td rowspan="4">3～5万勒</td><td rowspan="4">适宜土壤：壤土、砂壤土、黏壤土。土壤以中性到微酸性(pH值5.5～6.5)为好</td><td rowspan="4">整个生长期吸收氮、磷、钾的比例为3∶1∶4</td></tr>
<tr><td>幼苗期</td><td>5～30</td><td>23～25</td><td>70～90</td><td>70～80</td></tr>
<tr><td>莲座期</td><td>10～30</td><td>20～25</td><td>80～90</td><td>70～80</td></tr>
<tr><td>结球期</td><td>10～25</td><td>15～20</td><td>85～90</td><td>70～85</td></tr>
</table>

四、甘蓝的栽培季节和栽培要求

（一）栽培季节

1.春季栽培　春甘蓝栽培主要选用耐寒性较强的早熟品种和冬性强、耐寒的中熟品种。根据品种特性，选择不易发生未熟抽薹现象，包球紧实，而且上市早的品种，在适宜播期栽培。西北地区播种早熟品种在12月下旬至翌年1月上旬，中熟品种在10月中下旬。栽培目的主要是解决4～5月份春淡市场鲜菜供应紧张的问题。

2.夏季栽培　夏甘蓝栽培主要选用耐热性强的中熟品种。以其在晚夏或早秋高温及暴雨后的高温、高湿下，能够正常生长和抗病为依据而栽培，栽培目的是解决夏秋8～10月份淡季市场鲜菜供应紧张的问题。这茬甘蓝正处于北方地区高温季节，对性喜凉爽的不抗热品种，特别是早、晚熟品种生长十分不利；栽培后产量低，商品性下降，品质差，叶球包而不紧实，故不宜栽培。

3.秋季栽培　秋甘蓝栽培主要选用品质优良，抗病性强，生育期长，叶球大，产量高的抗寒耐贮的晚熟品种；早熟、中熟品种选择适宜播期也可种植。在栽培季节，即夏播、秋冬收获期间，外界有效积温大，气温变化由高到低，有利于甘蓝的生长发育。莲座期高温有利于外叶生长，结球期低温和昼夜温差增大，有利于球叶生长和叶球膨大，这种有利的外界条件，使甘蓝得以充分表现不同熟性的品种，特别是晚熟品种的特性，从而达到优质高产的栽培目的。秋甘蓝栽培的目的，是解决鲜菜供应、加工和冬贮的需求。

（二）栽培甘蓝的几点要求

1.轮作倒茬 在常年蔬菜栽培区，甘蓝种植地应选择前作为非十字花科蔬菜的地块，如葱蒜类、瓜类、豆类和茄果类等蔬菜的种植地块，可实行3～4年的轮作制。在甘蓝与粮食作物轮作栽培区，栽培甘蓝宜选择前作为小麦、瓜类、红芋等吸收土壤肥力少的作物的地块。

2.深耕土壤 一般选择好田块后深翻土地，冬要灌水，夏要晒垡。土壤耕作要求是，春季栽培的冬闲地应在秋、冬耕翻25～30厘米深，秋季栽培的应深耕20～25厘米。

3.施足基肥 甘蓝是喜肥作物，一般每667平方米应施腐熟农家肥5 000千克以上，磷、钾肥25千克以上。

4.适时播种，适龄定植 春季苗子过大，定植过早，或者遇到倒春寒，容易引起未熟抽薹（图4-1）。秋季播种过早，甘蓝植株容易发生病害（图4-2）；如

图4-1 春甘蓝未熟抽薹

图4-2 秋季播种过早，病害严重

图 4-3　秋季播种过晚，包球不紧实

如果播种过晚，甘蓝植株容易引起包球不实（图 4-3）。

5.适时采收，防止裂球　甘蓝叶球含水量大，叶质脆嫩，当叶球成熟、包球紧实后，应及时采收和销售（图 4-4）。如果采收过晚，心柱继续生长，会引起叶球破裂（图 4-5），影响商品性。

图 4-4　采收甘蓝

图 4-5　甘蓝裂球

五、甘蓝育苗的主要设施与育苗土的配制技术

（一）甘蓝育苗的主要设施

1.阳畦（冷床）

（1）阳畦的基本结构　阳畦主要由风障、畦框和覆盖物等组成（图 5-1）。

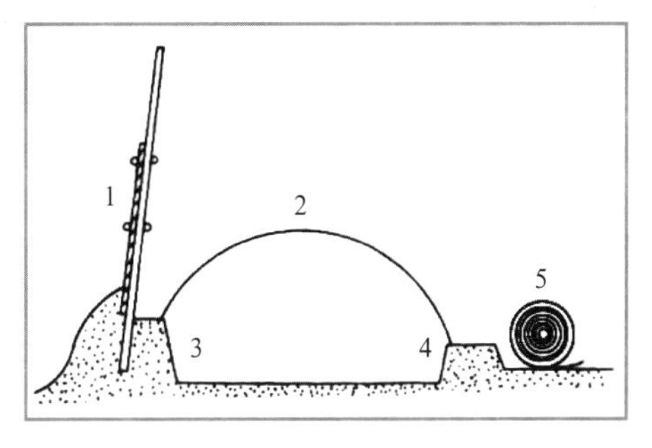

图 5-1　阳畦的基本结构

1.风障　2.塑料拱棚（或玻璃窗扇）　3.北畦框　4.南畦框　5.保温覆盖物

①风　障　一般高度为2～2.5米，由篱笆、披风和土背组成。篱笆和披风较厚，防风、保温性能较好。

②畦　框　畦框的主要作用是保温，以及加深畦底，扩大育苗床的空间。多用土培高后压实制成，也有的用砖、草把等砌制或垫制而成。

南畦框一般高20～60厘米，宽30～40厘米。北畦框高

40～60厘米，宽35～40厘米。东西两畦框与南北畦框相连接，宽度同南畦框。

③覆盖物

玻　璃　以玻璃窗形式或扇页形式覆盖在畦口上，管理麻烦，易破碎，费用也较高，现已较少使用。

塑料薄膜　多以小拱棚形式扣盖在畦口上，容易造型和覆盖，费用较低，并且棚内的育苗空间也比较大，为目前主要的透明覆盖材料。

草　苫　为主要的保温覆盖材料。目前主要有稻草苫、蒲草苫以及苇毛盖苫等，一些地方也使用纸被和无纺布等作为辅助保温覆盖物。

（2）阳畦的类型　按南北畦框的高度相同与否，分为抢阳畦和槽子畦两种。

①抢阳畦　南畦框高20～40厘米，北畦框高35～60厘米，南低北高，畦口形成一个自然的斜面，采光性能好，增温快，但空间较小。

②槽子畦　南、北畦框高度相近，或南框稍低于北框，一般高度为40～60厘米，畦口较平，白天升温慢，光照也比较差，但空间较大。

（3）阳畦育苗床的环境特点

①温度变化特点　阳畦空间小，升温快，增温能力比较强。在北京地区的12月份至翌年1月份，普通阳畦的旬增温幅度一般为6.6℃～15.9℃。阳畦低矮，适合进行多层保温覆盖，保温性能好。北京地区的12月份至翌年1月份，普通阳畦的旬保温能力一般可达13℃～16.3℃。

阳畦的温度高低受天气变化的影响很大。一般晴天增温明显，夜温也比较高；阴天增温效果较差，夜温也相对较低。

阳畦内各部位因光照量以及受畦外影响程度的不同，温度高低有所差异（表 5-1）。

表 5-1　阳畦内不同部位的地面温度分布

距离北框（厘米）	0	20	40	80	100	120	140	150
地面温度（℃）	18.6	19.4	19.7	18.6	18.2	14.5	13.0	12.0

阳畦内畦面温度分布不均匀的特点，往往造成畦内甘蓝幼苗生长不整齐，育苗时要注意分区管理。

②光照特点　阳畦空间低矮，光照比较充足，特别是由于风障的反射光作用，阳畦内的光照一般要优于大棚保护设施。

（4）阳畦育苗床的设置　阳畦应建于背风向阳处，育苗用阳畦要靠近栽培田。为方便管理以及增强阳畦的综合性能，阳畦较多时应集中成群建造。群内阳畦的前后间隔距离应不少于风障高度的3倍，避免前排阳畦对后排造成遮阴。

2.塑料大棚

（1）塑料大棚的基本结构　主要由立柱、拱架、拉杆、棚膜和压杆等五部分组成（图 5-2）。

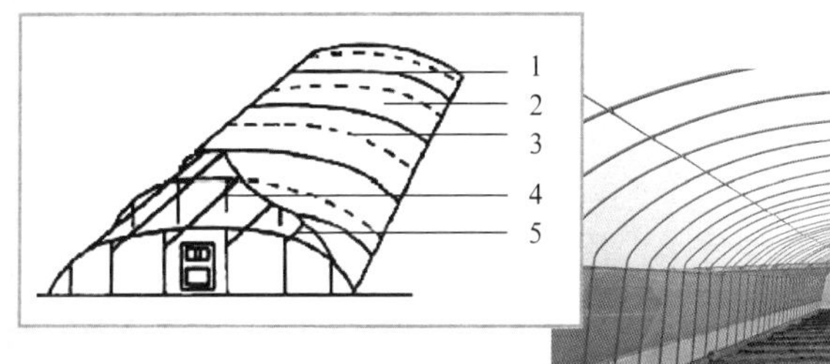

图 5-2　塑料大棚的基本结构
1.压杆　2.棚膜　3.拱架
4.立柱　5.拉杆

①立　柱　立柱的主要作用是固定拱架，防止拱架上下移动以及变形。在竹拱结构的大棚中，立柱还兼有拱架造型的作用。立柱材料主要有水泥预制柱、竹竿和型钢等。

竹竿结构塑料大棚中的立柱数量比较多，一般立柱间距2～3米，密度比较大，地面光照分布不均匀，也妨碍棚内作业。钢架结构塑料大棚内的立柱数量比较少，一般只有边柱甚至无立柱。

②拱　架　拱架的主要作用，一是大棚的棚面造型，二是支撑棚膜。拱架的主要材料有竹竿、钢梁、钢管、硬质塑料管等。

③拉　杆　拉杆的主要作用是纵向将每一排立柱连成一体，与拱架一起将整个大棚的立柱纵横连在一起，使整个大棚形成一个稳固的整体。竹竿结构大棚的拉杆通常固定在立柱的上部，距离顶端20～30厘米处。钢架结构大棚的拉杆一般直接固定在拱架上。拉杆的主要材料有竹竿、钢梁和钢管等。

④塑料薄膜　塑料薄膜的主要作用，一是在低温期使大棚内增温和保持大棚内的温度；二是在雨、雪季防止雨、雪进入大棚内。

⑤压　杆　压杆的主要作用是固定棚膜，使棚膜绷紧。压杆的主要材料是竹竿。还有不少大棚采用专用压膜线、粗铁丝以及尼龙绳等固定棚膜。

（2）育苗塑料大棚的主要类型

①竹拱结构大棚　该类大棚用横截面8～12厘米×8～12厘米的水泥预制柱作立柱，用径粗5厘米以上的粗竹竿作拱架（图5-3），也可间隔选用水泥预制柱作拱架（图5-4）。这类大棚建造成本比较低，是目前农村中应用最普遍

图 5-3 粗竹竿作拱架的竹拱结构大棚

图 5-4 间隔选用水泥预制柱作拱架的竹拱结构大棚

的一类塑料大棚。

②管材组装结构大棚 该类大棚采用一定规格（ϕ25～32毫米×1.2～1.5毫米）的薄壁热镀锌钢管，并用相应的配件，按照组装说明书连接或固定而成（图 5-5，图 5-6）。

图 5-5 跨度 8 米管材组装结构大棚

图 5-6 跨度 10 米管材组装结构大棚

（3）塑料大棚育苗的环境特点

①温度变化特点

增温和保温特点 塑料大棚的空间比较大，蓄热能力强，故增温能力不强，一般低温期的最大增温能力（一天中大棚内、外的最高温度差值）只有15℃左右，一般天气情况下为10℃左右，高温期达20℃左右；保温能力（一天中大棚内、外的最低温度差值）为3℃左右。

日变化特点　通常日出前棚内的气温降低到一天中的最低值，日出后棚温迅速升高。晴天在大棚密闭不通风的情况下，一般到10时前，平均每小时上升5℃～8℃，13～14时棚温升到最大值。之后开始下降，平均每小时下降5℃左右，夜间温度下降速度变缓。一般12月至翌年2月份的昼夜温差为10℃～15℃，3～4月份的昼夜温差为20℃左右。晴天棚内的昼夜温差比较大，阴天温差比较小。

地温变化特点　大棚内的地温日变化幅度相对较小，一般10厘米深土层的日最低温度，比最低气温晚出现约2小时。当气温低于地温前，地温值上升到最高。

②光照变化特点

采光特点　塑料大棚的棚架材料粗大，遮光多，使大棚的采光能力受到限制。一般采光率为60%～72%不等。大棚方位对大棚的采光量也有影响。一般东西延长大棚的采光量较南北延长大棚稍高一些。

光照分布特点　垂直方向上，由上向下光照逐渐减弱，大棚越高，上、下照度的差值也越大。水平方向上，一般南部照度大于北部，四周高于中央，东西两侧差异较小。南北延长大棚的背光面较小，其内水平方向上的光照差异幅度也较小；东西延长大棚的背光面相对较大，其棚内水平方向上的光照分布差异也相对较大，特别是南、北两侧的光照差异比较明显。

（4）大棚育苗床的修建　东西延长大棚一般选用东西方向修建苗床，靠南边的苗床上插小拱棚覆盖时，可比靠北边的苗床适当早揭和晚盖覆盖物，控制温度使其南北苗床上的苗子生长保持一致；南北延长大棚任何方向均可修建苗床。大棚内甘蓝育苗床宽度为1.2～1.5米，长度依大棚长或宽而定，并留足水渠用地和修建一条行人通道。

3.日光温室

（1）日光温室的基本结构　日光温室主要由墙体、后屋面、前屋面、立柱、加温设备以及保温覆盖物等构成（图5-7）。日光温室内不专设加温设备，完全依靠自然光能，或只在严寒季节进行临时性人工加温。

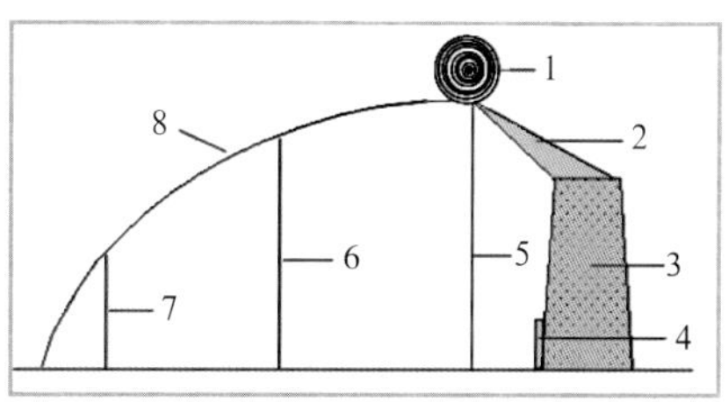

图5-7　日光温室的基本结构
1.保温覆盖物　2.后屋面　3.后墙　4.加温设备　5.后立柱　6.中立柱　7.前立柱　8.前屋面

（2）育苗所用日光温室的主要类型　主要有竹拱结构日光温室和钢骨架结构日光温室两种。

①竹拱结构日光温室　该类温室用横截面为10～15厘米×10～15厘米的水泥预制柱作立柱，用径粗8厘米以上的粗竹竿作拱架，用塑料薄膜作透明覆盖物，温室内有立柱（图5-8）。

图5-8　竹拱结构日光温室

图 5-9　钢骨架结构日光温室

②钢骨架结构日光温室　该类温室所用钢材一般分为普通钢材、镀锌钢材和铝合金轻型钢材三种，用塑料薄膜作透明覆盖物，温室内无立柱（图 5-9）。

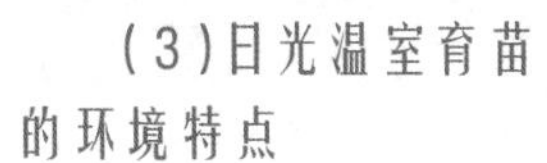

（3）日光温室育苗的环境特点

①温度特点　日光温室无太阳直射光的死角，在光照下增温比较快，增温性能优于塑料大棚。日光温室有完善的保温结构，保温性能比较强。

日光温室的空间较大，容热能力强，温度变化相对比较平缓。温室地温高低受气温变化的影响很大。冬季，一般白天气温每升高 4℃，10 厘米深耕层的地温平均升高 1℃，最高地温出现时间一般较最高气温晚 2～3 小时；夜间气温每下降 4℃，地温约下降约 1℃。不进行人工加温时，最低地温值一般较最低气温高 4℃左右。

②光照特点　日光温室的跨度小，采光面积和采光面的倾斜角度比较大，加上冬季覆盖透光性能优良的专用薄膜，故采光性比较好。

日光温室内由于各部位的采光面角度大小以及高度等的不同，地面光照的差异也比较明显。通常上午西部增光较快，东部光照较弱，下午东部增光明显，而西部光照则迅速下降，以中部的光照为最好。

（4）日光温室内育苗床的修建　日光温室内东西方向（图 5-10）或南北方向（图 5-11）均可修建甘蓝育苗床，一般甘蓝育苗床宽1.2～1.5米，长度依日光温室长或宽而定。

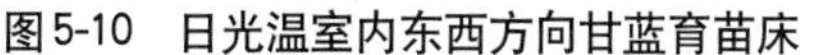

图5-10　日光温室内东西方向甘蓝育苗床

图5-11　日光温室内南北方向甘蓝育苗床

4.塑料遮阳网覆盖育苗

进行甘蓝秋季栽培，其育苗时间正处在夏季强光、高温及暴雨较多的季节，气候特点不利于甘蓝苗子生长，育苗质量较差。因此，需要利用塑料遮阳网覆盖育苗。

（1）塑料遮阳网的类型　塑料遮阳网又称遮阳网、遮阴网或遮光网（图5-12）。其产品大部分是用聚烯烃树脂做原料，经拉丝后编织成的一种轻量化、高强度、耐老化的新型网状农用塑料覆盖材料。当前产品主要有SZW-8、SZW-10、SZW-12、SZW-14、SZW-16等五种型号，其遮光率分别为20%～30%，25%～45%，35%～55%，45%～65%，55%～75%，甘蓝育苗使用较多的是SZW-12和

图5-12　遮阳网

SZW-14型；其宽度多选用1.6米、2米和2.2米，颜色多用黑色网和银灰色网两种。

（2）甘蓝遮阳网覆盖育苗的主要形式

①大棚遮荫育苗　利用大棚的棚架，在棚架上覆盖遮阳网，进行遮荫育苗（图5-13），大棚内的前茬作物在6月上中旬收获后，将遮阳网盖在大棚骨架上，在棚内修建甘蓝育苗床。覆盖遮阳网时仅将棚顶盖住，大棚两边离地1.6～1.8米的部位不盖遮阳网，以便通风。最好将遮阳网盖在薄膜上面或下面，这样既可遮光降温，又可防雨淋。

图5-13　大棚遮荫育苗床

②中、小拱棚遮荫育苗　中、小拱棚用竹竿作拱架，小拱棚畦床宽1.2～1.5米，棚高50～100厘米，中拱棚畦床宽2.4～3米，棚高1.5～1.8米，遮阳网盖在拱架顶部，两侧不留或留20～30厘米的空隙不盖（图5-14）。为了防雨

图5-14　中拱棚遮荫育苗床

也可在棚顶遮阳网上加盖塑料薄膜（图5-15，图5-16）。无雨时，要尽量揭掉塑料薄膜，防止高温烤苗。一般上午9时盖遮阳网，下午4时揭遮阳网；阴天和早晚不盖遮阳网（图5-17），苗子定植前1周起不再盖遮阳网（图5-18），使之适应露地栽培条件。

图5-15　在中拱棚棚顶遮阳网上加盖塑料薄膜防雨

图5-16　在小拱棚棚顶遮阳网上加盖塑料薄膜防雨

图5-17　早晨、下午或阴天将遮阳网揭掉

图5-18　甘蓝苗定植前1周不再覆盖遮阳网

③矮平棚遮荫育苗　按遮荫覆盖育苗床畦面宽度的不同，矮平棚分为单床畦矮平棚和多床畦矮平棚两种。单床畦矮平棚是用一幅遮阳网覆盖一畦苗床，遮阳网比床面宽50～60厘米，用于两边遮挡阳光（图5-19）。多床畦矮平棚是用几幅遮阳网拼接成大网，可覆盖2～4畦（图5-20）。

图5-19　单床畦矮平棚遮荫覆盖遮阳网（纵向）

图5-20　多床畦矮平棚遮荫覆盖遮阳网（横向）

矮平棚支架的制作方法是，在种子播种后、遮阳网覆盖前，用矮竹竿和木桩等做支柱，在床畦埂上每隔2～3米搭一龙门架，架高50～70厘米，或在苗床畦埂上垂直插50～70厘米等长度的竹竿；在棚架或竹竿上盖遮阳网。盖遮阳网时，网要拉直、拉平和扎稳。

（3）遮阳网覆盖育苗的环境特点　夏季用黑色遮阳网覆盖后，地表温度一般可降低9℃～13℃，地下5厘米处地温降低4℃～7℃，地上30厘米处气温降低1℃～3℃。遮阳网还可减缓风速，减少土壤水分的蒸发，有利于保湿防旱，并能降低暴雨对苗子的直接机械损伤等。

（二）育苗土的配制技术

1.优质育苗土的条件　第一，应含有丰富的有机质和适量的营养元素。第二，应疏松透气。第三，pH值为6.5~7.0。第四，没有病菌、虫卵和杂草种子。

2.育苗土的配方

（1）播种床土配方　田土6份，腐熟有机肥4份。土质偏黏时，应掺入适量的细沙或炉渣。

（2）分苗床土配方　田土7份，腐熟有机肥3份。分苗床土应具有一定的黏性，使之从苗床中起苗或定植取苗时不散土。

3.育苗土配制要点

（1）材料准备

①田　土　要求卫生，不含十字花科作物病菌和害虫，多为粮田土、豆田土、葱蒜田土或三年以上未栽培过十字花科作物的田块土。田土要过筛备用（图5-21）。

图5-21　田土过筛

图 5-22　有机肥和过筛细肥

②有机肥　主要是马粪、猪粪和鹿粪等质地较为疏松、速效氮含量低的粪肥。有机肥必须充分腐熟并捣碎过筛后，才能用于育苗（图 5-22）。

③细沙或炉渣　主要作用是调节育苗土的疏松度，增加育苗土的空隙。

④化　肥　主要使用优质复合肥、磷肥和钾肥。播种床土每立方米的总施肥量为1千克左右，分苗床土每立方米的总施肥量为 2 千克左右。

⑤农　药　主要有多菌灵或甲基托布津、辛硫磷或敌百虫等杀菌、杀虫剂，每立方米育苗土用量为150～200克。

（2）混　拌　将田土和有机肥过筛后与化肥、农药、细沙等按比例充分混拌均匀后备用（图 5-23）。

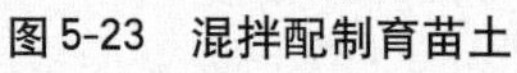

图 5-23　混拌配制育苗土

4.育苗土消毒 土和肥中难免携带有病原菌、虫卵和杂草种子，因此应对育苗土进行消毒处理。

（1）福尔马林熏蒸消毒 一般用50～100倍的福尔马林溶液喷洒育苗土，每立方米用10～20升喷洒液，拌匀后堆置，用薄膜密封1～2天。然后揭开薄膜，待药味挥发后再使用。

（2）药液消毒 杀菌用代森锌或多菌灵或甲基托布津等农药的200～400倍液消毒，每平方米床面用10克原药，配成2～4升药液喷洒即可；杀虫主要用辛硫磷或敌百虫等农药，每立方米育苗土用量为100～150克。

（3）太阳能消毒 夏季高温季节，把育苗土堆起来，使含水量达80%以上，再用透光好的塑料薄膜盖堆。暴晒15天左右，即有良好的消毒效果。

5.填　床 播种前，将育苗土均匀铺在育苗床内。播种苗床内的铺垫厚度较薄，为6～8厘米。分苗床土在苗床内的铺垫厚度较厚，为10～12厘米。

六、春甘蓝露地高效栽培关键技术

（一）播种育苗

北方地区春甘蓝的育苗时期，正处在秋、冬寒冷季节，多采用阳畦（冷床）、日光温室或塑料大棚育苗。

1.苗床准备 育苗土填床后，整平床面，用铁锹拍打（图6-1）或用脚踩踏床土，防止浇水后苗床土出现下沉不一或裂缝，造成出苗不整齐。随后用钉耙轻轻反复搂平，准备播种。

用铁锹拍实苗床土

细碎和整平床土

图6-1 准备苗床

2.播 种 春甘蓝多采用干籽撒播。

(1)播种时间 其播期分为秋播和冬播，以冬播为多。秋播中熟品种要求冬性强，抗寒力高。西北地区进行秋播，用小拱棚育苗的时间为10月15日左右，11月中旬以阳畦分苗。冬播早熟品种，用阳畦或大棚播种，时间为12月下旬至翌年1月中旬。如果日光温室播种，时间相对推迟7～10天。

（2）播种方法　选晴暖天气上午播种。用水浇透床土。若用水管浇水时，要在出水口放一片塑料膜（图6-2），以防止水冲坏床面。浇足床水后，用手捡去床面漂浮的杂草（图6-3），待床面水渗下2/3时，用铁锹轻轻抹平床面凸处

图6-2　浇足苗床水

图 6-3　捡去水面漂浮杂草

（图6-4），待水渗下后撒播或点播种子（图6-5）。一般每6～7平方米苗床撒播20～25克种子，或点播15～20克种子。播

图 6-4　用铁锹轻抹床面凸出处

图 6-5　点播种子

种后，覆0.5～0.8厘米厚的细土盖籽（图6-6）。随后，在阳畦覆盖塑料膜，大棚苗床上插拱盖塑料膜，接着再在阳畦或大棚床膜上加盖草帘，在日光温室育苗床面盖草帘（图6-7），保温保湿，利于出苗。

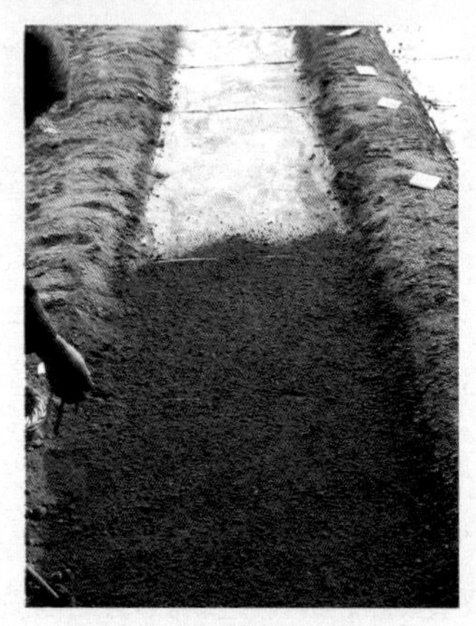

图 6-6　播种后覆盖细土

图 6-7　日光温室育苗播种后床面盖草帘

3.苗床管理　甘蓝苗期温度管理的参考温度范围如表6-1所示。

表6-1　甘蓝苗期温度管理

时　期	白天适宜温度（℃）	夜间适宜温度（℃）
播种至齐苗	20～25	16～15
齐苗至分苗	18～23	15～13
分苗至缓苗	20～25	16～14
缓苗至定植前10天	18～23	15～12
定植前10天至定植	15～20	10～8

（1）幼苗管理　出苗前不要通风，以免降低床温。播前浇透床土水，至分苗前不需浇水，只需用喷壶洒水。育苗

日光温室内此期可浇1～2次水。幼苗长出真叶后，开始通风锻炼，先通小风，后通大风，保持白天床温为18℃～23℃，夜间床温为12℃～16℃。如果床面出现裂缝，可选择叶面无水珠时，撒盖育苗细土，予以填塞。如果出苗过密，可选晴暖天的午后间苗。

（2）分苗及管理　分苗前3天，适当降低床温3℃～5℃，对幼苗进行短时间的耐寒性锻炼。幼苗长有2～4片真叶时分苗(图6-8，图6-9)，分苗有开沟分苗、插根分苗和营养钵分苗三种方式。

图6-8　温室幼苗长有3～4片真叶时分苗

图6-9　阳畦幼苗长有2～3片真叶时分苗

①分苗床的准备　分苗床土以田土7份、腐熟有机肥3份配制。分苗前5～7天，将分苗床准备妥当，小棚、阳畦、大棚和温室都可作分苗床。

②分苗技术　分苗前3～5天，应适当降低苗床的夜间温度，并适量浇水，使起苗时床土湿度恰当，伤根少，根部容易带原土。分苗方式如下。

第一，开沟分苗　用分苗刀或小铲，按行距7厘米，开深8厘米左右的小沟行，用水壶向沟行内浇水。待水渗下后，靠沟行一侧摆放幼苗，苗距7～8厘米，沟行苗摆满后填土埋根（图6-10）。分苗的深浅一般以最下叶柄高出土面1厘米左右（图6-11）为宜。

图6-10 开沟分苗

图6-11 分苗后最下叶柄应高出土面1厘米左右

第二，插根分苗 从播种床拔出幼苗（图6-12），用水涮掉根部泥土（图6-13），随后用镊子夹住苗子根部插入床土中（图6-14），或用手指将苗根压入浇透水的分苗床土

图6-12 分苗前拔苗

图6-13 涮掉苗子的根泥

分苗插根所用镊子

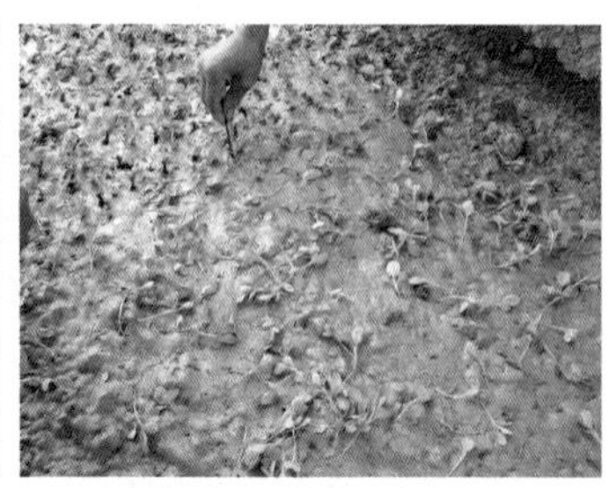

苗子均匀撒在分苗床土上

用镊子夹住苗根部

将根部插入分苗床土中

图 6-14　插根分苗

里（图 6-15），深度以最下叶柄高出土面 1 厘米左右为宜。小棚分苗，随分随插拱盖膜（图 6-16）和覆草帘。

图 6-15　用手指将苗根压入床土中

图 6-16　小拱棚分苗随分随插拱盖膜

第三，营养钵分苗　用旧报纸或塑料钵做成高10厘米左右，长、宽各8厘米或直径8厘米的圆柱形的营养钵(图6-17，图6-18)，装入3/5左右容量的营养土，按顺序排于分苗床中，随后浇足水。等水渗下后，将苗移栽入营养钵内，再填入营养土。营养钵上面要留1厘米左右的空位，以便苗期浇水。

图6-17　纸质分苗钵

图6-18　塑料分苗钵育成苗

选用适当的方式分苗后，在保温性能较差的小棚和阳畦上，应覆盖塑料薄膜，并加盖草帘（图6-19，图6-20）；保温性能较好的大棚或日光温室内，苗床上不插小拱棚，

图6-19　露地小棚分苗后覆盖膜和草帘

图6-20　阳畦分苗后覆盖膜和草帘

不盖塑料膜和草帘（图6-21）；5～7天内不通风。缓苗后视苗子生长和土壤干湿度浇水（图6-22，图6-23），依据床内温度

图6-22　日光温室分苗后，4片叶时浇一水

通风锻炼(图6-24)，保持床温白天为13℃～20℃、夜间为6℃～10℃。定植前7～8天，逐步进行幼苗适应性锻炼，控制浇水，并逐渐延长揭帘时间，至定植前4～6天，全部除去覆盖物(图6-25)，使之适应定植田气候。

图6-24　日光温室分苗后温度高于25℃时掀膜通风

图6-21　日光温室分苗床，不插小拱棚，不盖薄膜和草帘

图6-23　日光温室分苗后，5～6片叶时浇一水

图6-25　定植前4～6天除去覆盖物

（二）整地和定植

1. 整　地　选择经深翻（图 6-26）、冬浇（图 6-27）、土壤熟化的田块，施足基肥（图 6-28），每 667 平方米施农家肥 3 000～4 000 千克，磷、钾肥 25 千克。然后翻挖碎土，整平做畦（图 6-29）。

图 6-26　冬前深翻田块

图 6-27　冬前大水浇灌田块

图6-28　定植前畦内施入腐熟鸡粪或厩肥

图 6-29　翻挖、捣碎、整平畦土

2.定 植 北方地区露地定植春甘蓝，选在土地完全解冻后进行。一般气温恒定在10℃以上，苗子有5～7片真叶（图6-30）时定植。西北地区一般以在3月中下旬露地定植为宜。定植前应细致选苗（图6-31），淘汰杂苗、劣苗和弱苗，选择符合品种标准的苗，带土坨起苗（图6-32）。定植时，采用坐水定植或明水定植两种方法。前者地表盖干土，既能保墒，又不会因浇水而降低地温，对春甘蓝提早定植很有好处，并且可以克服后者浇水量大，容易降低地温，造成土壤板结，缓苗时间长的不良影响。

图6-30 有5～7片叶的定植苗

图6-31 定植前选苗

图6-32 带土坨起苗，防止伤根

坐水定植是先按行、株距开挖定植沟或穴（图6-33），随后向沟或穴内浇水，然后放入

图6-33 按照定植行株距挖苗穴

带土坨的苗子（图6-34）；或开挖沟、穴，摆放带土坨的苗子（图6-35）后在沟、穴内浇水；待水渗下(图6-36)后封土稳苗(图6-37)。

图6-34　在浇水定植穴内放入带土坨的苗

图6-35　挖定植沟摆放带土坨苗

图6-36　渗下坐苗水

图6-37　封土稳定苗子

明水定植是畦内按照行株距直接栽植苗子(图6-38)，定苗深度土不要高出第一真叶叶柄(图6-39)，畦内全部栽满苗子(图6-40)后放水浇苗(图6-41)。

图 6-38　畦内直接栽植苗子

图6-39　栽苗深度以第一片真叶柄平于地面为宜

图 6-40　畦内栽满苗子

图 6-41　畦内浇定苗水

（三）田间管理

1.浇　水　定植缓苗后浇1次水，促进苗子生长。因北方地区这时气温和地温相对较低，故浇水量不宜过大。随

后控制浇水。如果土壤过干，可在莲座中期浇1次小水（图6-42）。在蹲苗到包球初期浇水（图6-43）。待包心后，气温

图6-42　莲座中期浇1次水

图6-43　包球初期浇1次水

升高，春甘蓝生长快，需加大浇水量。一般包球初期浇水1次后，包球中后期至少浇水1次(图6-44)。生长期共浇4~5次水。在采收前要适当控制水分，以防止裂球(图6-45)，影响产量和产品质量。

图6-44　包球中后期浇1次水

图6-45　采收前过多浇水易引起裂球

2.追　肥　甘蓝根系分布浅，需肥较多，除重施基肥外，还需追肥3～4次。追肥前期以氮、磷、钾肥为主，后期以氮肥为主。追肥时间分别为：缓苗后，环施在植株周围，结合中耕追一次肥；在需肥高峰期，即莲座后期，每667平方米施用尿素10～15千克，磷、钾肥5千克，混合后穴施；包球中期，采用地面撒施或随水冲施方法，追氮肥1次，每667平方米施尿素15千克。

3.中耕除草与培土　中耕次数及深浅，依天气及苗棵大小而定，棵大浅耕，棵小深耕。缓苗后中耕1次，宜深；莲座中期、包球初期结合浇水后，土壤干湿适宜时，各中耕1次。中耕宜浅，并向植株周围培土，但需防止中耕伤害外叶。在外叶封垄后，应随时拔除杂草，以减少水肥损失。

（四）采　收

根据甘蓝叶球紧实情况和市场的需求，将甘蓝陆续采收上市。在叶球大小定型、紧实度达到八成时，即可采收。上市前可喷洒500倍液的高脂膜，以防止叶片失水萎蔫，影响经济价值。同时，应去掉叶球上的黄叶或有病虫斑的叶片，然后按照叶球的大小，进行分级、包装和出售。

七、春甘蓝覆盖高效栽培关键技术

春甘蓝覆盖栽培，选择冬性强、耐寒的早熟品种，其栽培技术与春甘蓝露地栽培技术基本相同。育苗播期，与地膜覆盖栽培相同，或比露地栽培提早3～5天；中棚覆盖栽培，比露地栽培提早7～10天；大棚覆盖栽培比露地提早15～20天。苗子大小适宜时，一般地温达5℃；温度在10℃～15℃时，即可覆盖定植。西北地区的定植时期，一般在2月中旬至3月中旬。覆盖栽培时中耕、追肥不太方便，定植前需深翻土地，施足基肥。定植后除加强肥水管理外，还需搞好光照和通风管理。

（一）平畦地膜覆盖栽培

施足基肥，整好平畦（相同于春露地栽培甘蓝），将经过锻炼、生长有6～7片真叶的苗子（图7-1），按照品种适宜栽培密度定植

图7-1　经过锻炼、长有6～7片真叶的定植苗子

(图7-2)。穴栽苗子深度比露地穴栽苗子深1～2厘米，定植苗

图7-2 早熟品种定植密度一般为4 000～5 000株/667平方米

周围培土要用手压实（图7-3）。一般选用畦宽1.3米左右，畦长10～15米的平畦栽培。平畦内定植3行苗，中间行的苗与两边行的苗要错位定植（图7-4）。地膜选用宽度稍窄

图7-3 在定植苗周围培土并压实

图7-4 平畦中间行与两边行的苗应错位定植

或相等于畦宽、长度稍长于畦长的薄膜，覆盖在定植苗的畦面上（图7-5）。在定植苗位置的上方将薄膜切成“+”字形孔，将苗子从薄膜孔中掏出（图7-6）后，再铺平地面薄

图7-5　选用宽度稍窄或相等于畦宽、长度稍长于畦长的薄膜，覆盖在有定植苗的畦面上

图 7-6　在定植苗位置的上方将薄膜切成“+”字形孔，把苗子从孔中掏出

膜，地膜两边用土块压住（图 7-7）。灌第一次定苗水时，在畦口入水处挖一个小坑将地膜埋入（图 7-8），以防止膜下

图 7-7　将铺地膜两边用土块压住

图 7-8　灌定苗水时，在畦口入水处挖一个小坑将地膜埋入，减少过多水从膜下流入

渗水过多，地温回升过慢，影响定苗后植株缓苗生长。地膜覆盖栽培的田间管理，与春露地栽培基本相同，只是少灌1～2次水。前期气温较低，灌水以小水少量为宜（图7-9）；进入包球初期后，以大水多量为宜（图7-10）。结合灌水追

图7-9 从定植至莲座期灌水不宜过多，以免影响升温

图7-10 开始包球后，加大灌水量，满足叶球快速生长的需要

施化肥。包球初期随水加大施肥量（图7-11），一般追施肥量为15～20千克/667平方米，肥料由栽植穴处

图7-11 开始包球后为重点施肥期，要随水加大施肥量

图 7-12　对地膜破损处长出的杂草，可随手拔除

渗入土壤。莲座后期，外界温度较高时，灌水采用在畦面上漫灌或在畦口入水处把地膜撑起，使水从膜下流进。灌水后，一定要把揭开的膜口再次压严、压实，以免被风吹起而影响保温效果。地膜覆盖栽培不中耕，畦内生长的杂草由地膜破损处长出（图 7-12），可用手拔除。叶球成熟后要及时采收，防止裂球。

甘蓝平畦地膜覆盖栽培，在北方地区春季提早栽培中采用较多，栽培操作方便、简单，成本低，采收比露地提早 3～6 天，效益较高。其主要缺点在于畦面上漫灌，膜面存水挂泥，影响反光效果。

（二）半高垄地膜覆盖栽培

选择经过冬灌的田块，施足基肥，按 100 厘米的畦距开沟做半高垄，并用耙子耧平畦面（图 7-13）。一般半高垄的畦高以10～15厘米为宜，过高影响灌水，不利于横向渗

图 7-13　按 100 厘米的畦距开沟做半高垄

透。畦面宽60～66厘米，沟宽34～40厘米（图7-14）。畦面的中部略高，成拱形，有利于排水和升温，以及压平、压紧薄膜。

图7-14　半高垄的畦面宽60～66厘米，沟宽34～40厘米，畦高10～15厘米

幼苗定植分先栽苗后铺膜和先铺膜后栽苗两种形式。

1.先栽苗后铺膜　多选用坐水定植。在整好的畦面按行、株距开挖定植穴，随后向穴内浇水，然后放入根部带有土坨的苗子(图7-15)，待水渗下后(图7-16)，封土稳苗(图7-17)。畦面定植完苗子后，覆盖地膜(图7-18)。然后在定植苗位置的上方将薄膜切成“＋”字形孔，将苗子从薄膜孔中

图7-15　把根部带有土坨的苗子放入浇过水的穴内

图7-16　水渗下后，根系与土壤紧密结合

图 7-17　水渗干后封土稳苗

图 7-18　畦面定植完苗子后，覆盖地膜

掏出（图 7-19），随后培土扶正苗子（图 7-20），再用土压住苗子周围的薄膜（图 7-21）。最后，用土压实、压紧地膜边沿（图 7-22）保温。

图 7-19　在苗上方将薄膜切成“＋”字形孔，掏出苗子

图 7-20　培土扶正苗子

图 7-21　用土压住苗子周围的薄膜

图 7-22　用土压紧地膜四周边沿

2. 先铺膜后栽苗　定植前先将地膜铺在畦面上，拉展地膜、紧贴畦面（图 7-23），地膜边沿培土、压紧、压实薄膜；按照定植株、行距在畦面薄膜上先开好定

图 7-23　拉展地膜，使它紧贴畦面

图 7-24　铺地膜后定植苗子

植孔，或栽苗时用小铲将薄膜切成“＋”字形小孔；定植时将定植孔下的土挖出，将苗子放入孔中后再将挖出的土覆回（图 7-24），将定植

图 7-25　畦沟底不要盖薄膜，以用于浇水和追肥

孔和周围的地膜用土压紧埋实；否则不易保墒、增温，易于杂草生长。垄沟底不要盖薄膜（图 7-25），留作灌水、追肥用。

早熟品种，畦面上定植3行苗，中间行的苗与两边行的苗要错位定植，行距30～33厘米，株距45～50厘米（图 7-26）；中熟品种，畦面上定植 2 行苗，行距 55～60 厘米，株距 48～55 厘米（图 7-27）。管理基本相同于平畦地膜覆盖栽培，地温相对较高，植株根系生长健壮；莲座期植株未封垄前，注意中耕垄沟

图 7-26　早熟品种，畦面 3 行苗株要错位定植

图 7-27　中熟品种，畦面定植 2 行苗

土壤（图 7-28）；包球后注意多灌水，并及时拔除垄沟杂草（图 7-29）。叶球成熟后，要及时采收，防止裂球。

图 7-28 植株封垄前，中耕垄沟土壤

图 7-29 注意拔除垄沟杂草

（三）塑料中棚覆盖栽培

育苗床在定植前 5～7 天，要适当加大通风，进行幼苗锻炼。在北方地区，一般于 2 月下旬至 3 月下旬将幼苗定植在塑料中棚内。中棚内要施足基肥，每 667 平方米施农家肥 4 000 千克和复合肥 25 千克，然后深翻土地。定植前 7～10 天，搭建中棚（图 7-30）并扣棚膜，一般用 4 米宽塑料薄

图 7-30 定植前 7～10 天搭建中棚

图 7-31　定植前 2～3 天浇透苗床

膜，罩畦面 2.6 米宽。

1.定植到莲座期的管理　定植前 2～3 天要将苗床浇透水（图 7-31），以利于带土坨起苗。定植后要及时浇水，为防止湿度大，也可以进行点水浇灌。到缓苗前，一般不通风，以保温为主。5～7 天后，可适当通风降温，使棚畦内温度白天为 20℃～25℃，夜间保持在 12℃～15℃。定植后7～10天，选晴暖天气，浅中耕一次。定植后 15 天左右，可进行第一次追肥，每 667 平方米施尿素 10 千克，随后浇水。浇水后要适当加大通风量，并适当控制浇水，及时中耕。一般蹲苗期为 10～15 天。

2.结球期的管理　植株心叶开始抱合即进入包球期，应及时结束蹲苗，浇水并加大追肥量，施尿素20～25千克/667平方米，促进叶球生长。叶球生长期要保持地面湿润，不再追肥。植株进入包球初期，晴暖天气可揭开棚膜，使植株接受自然光照，保持适宜结球温度。在西北地区，3 月下旬至 4 月上旬，一般情况下可揭下塑料薄膜，转入露地生长。

3.及时采收　叶球生长紧实成熟后，要及时采收。采收过早，叶球尚未充实，产量低，品质差；采收过迟，不利于提早上市，而且叶球易裂开，使商品价值降低。

（四）塑料大棚覆盖地膜栽培

采用竹木塑料大棚（图7-32）栽培甘蓝，操作容易，管理方便。竹木大棚的结构是：用3根钢丝分别于棚顶和棚的两侧纵向拉紧，作为固定棚体的纵向拉杆。棚的中央每隔6～8米，设1根立柱直接顶在顶部钢丝绳下。拱杆用2厘米左右粗的细竹竿连接构成，拱距为50厘米。拱杆与3道纵向钢丝绳垂直绑成拱形，钢丝绳两端用地锚拉紧（图7-33，图7-34）。

图7-32　简易竹木塑料大棚（正视）

图7-33　两畦式简易竹木塑料大棚，棚内栽植2畦甘蓝

图7-34　中间有立柱的三畦式简易竹木塑料大棚，棚内栽植3畦甘蓝

大棚一般宽5.2～6.0米，长30～50米，棚内按照棚向做成2～3个平畦，平畦等宽，或两边畦宽1.6～2.0米，中间畦宽2.0米。开春后选择经过冬灌的田块建棚，667平方米施腐熟厩肥5 000千克，磷、钾肥50～100千克，均匀撒施，翻入土中，耙耱整平，做畦。在定植前10～15天扣棚、烤地，促使地温回升。栽培时选用早熟品种，采用大棚育苗（图7-35），或日光温室育苗，定植时间早于中、小棚。在西北地区，一般在2月中下旬定植，定植方法与春甘蓝地膜覆盖栽培相同。定植前3～5天，对苗床适量灌起苗水，使土壤湿度适宜（图7-36），定植时使用小铲（图7—37），在苗的根系周围切小方块

图7-35　用大棚育苗与分苗

图7-36　定植前3～5天苗床适量灌起苗水，有利于带土坨起苗

图7-37　用小铲切小方块土起苗，左手扶苗株，右手铲土块

起苗，起好的苗根系要带有土坨（图 7—38）。苗子运送到定植田时，要保证土坨完好，以利于幼苗定植后快速健壮生长。定植幼苗时可选用先开定植沟（图 7—39）或先挖定植穴（图 7—40），再摆放苗，填土固定苗，随后覆盖地膜（图 7-41），

图 7-38　起好的苗根系带有土坨

图 7-39　按照行株距开定植沟，摆苗和栽苗

图7-40　按照行株距挖定植穴，摆苗和栽苗

图 7-41　畦内栽满苗子后，选用等于畦宽的地膜覆盖畦面

地膜两边用土压住（图7-42）。苗子由膜孔掏出时，要防止膜孔过大（图7-43）不利于保温。要培土稳苗，压膜孔保温（图7-44）。棚内覆盖好地膜后浇水，水

图7-42　地膜两边间隔1米左右用土压实，有利于保温

图7-43　由膜孔掏出苗子时，要防止膜孔过大

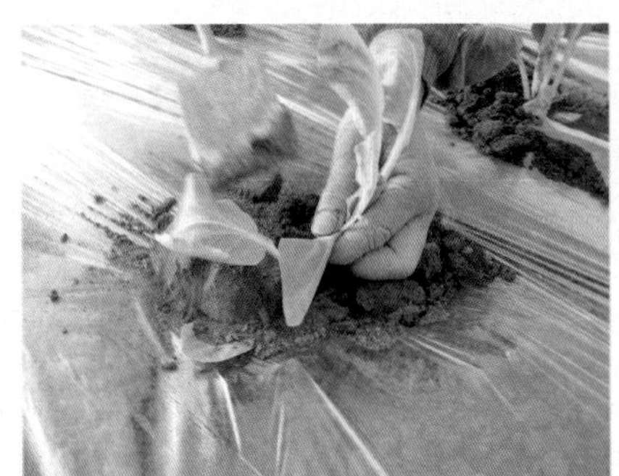

图7-44　培土稳苗，并压住膜孔保温

由膜上流入（图7-45）。畦内浇水不宜过多（图7-46），浇水后封膜保温（图7-47），一周内不通风，促进缓苗。缓苗后管理关键是结球前，浇水时选用尿素跟水追肥1次，追量为20～25千克/667平方米。这时，要保温促莲座叶生长。当白天温度超过25℃时，要给大棚通风（图7-48），通风量

图 7-45　放水浇苗，水由膜上流入畦内

图7-46　畦内积水不宜过多，水刚好流到畦内另一端就应停止浇水

图 7-47　浇水后及时封膜保温

图 7-48　大棚两头通风要由小到大

要由小到大。进入莲座后期，外界温度逐渐升高，为防止徒长，应适当通大风，使白天温度不超过 25℃，夜间不低于 10℃。结球后，通风降温，确保叶球充实。进入包球初期，跟随浇水追施尿素 1 次，追量为 15～20 千克 /667 平方米，

并保持白天温度为20℃，夜间为12℃～15℃。进入结球中期以后，注意通风，使棚内保持凉爽气候，当外界白天温度超过18℃时，揭掉棚膜（图7-49），以利叶球生长，结球紧实。叶球成熟后，要及时采收。

图7-49　甘蓝包球后，当外界白天温度超过18℃时，要揭掉棚膜，促进包球

八、夏甘蓝高效栽培关键技术

夏甘蓝在春季或初夏播种育苗，夏季或初秋收获，用以调节夏秋蔬菜供应。因其生长的中后期正值高温多雨或高温干旱季节，不利于生长结球，叶球易裂开腐烂，且易遭受病虫危害，故栽培管理要加倍细心。

（一）播种育苗

选用耐热优良品种，根据其生育天数和采收上市供应的时期，选择播种适期，在适期内分批播种。只有这样，才能达到分期收获、分批上市的目的。在西北地区，夏甘蓝在4月上旬至6月上旬播种，5月中旬至7月上旬定植，8月份至10月上旬收获。

1.育苗方法 在播种早、温度低的地区，可选用阳畦或拱棚覆盖育苗（参照春甘蓝育苗）；外界气温适宜苗子生长的地区，选用露地育苗；外界气温较高，多暴雨的地区，选用遮荫、防雨的方式育苗。

（1）苗床准备 选用露地或大棚防雨遮荫育苗。露地苗床（图8-1）一般长8～15米，宽1.2～1.5米。大棚防雨遮荫育苗床，一般长10～15米，苗床稍短于大棚苗床，长0.5～1米，宽1～

图8-1 露地育苗床

图 8-2　防雨遮荫槽式苗床

图 8-3　在苗床中施入三元复合肥

1.2米。棚上覆盖塑料膜防雨。在光照过强、温度过高的时段，在薄膜上再覆盖遮阳网。棚的两头完全开放，棚两边距离地面1.0~1.5米高度的部位可打开通风降温。棚内可修建平畦苗床，或为了便于操作可建高0.8~1.0米的槽式专用苗床（图8-2）。苗床可填育苗土，也可在苗床内直接施入5千克/平方米腐熟有机肥，0.1千克/平方米三元复合肥（图8-3），8克/平方米多菌灵和15克/平方米地虫克（图8-4，图8-5），施后浅挖床土（图

图 8-4　在苗床中施入多菌灵或地虫克

图 8-5　向倒有杀菌剂和杀虫剂的容器中掺入细土，戴上塑料手套或用塑料袋包裹手后，用手将土与药混合均匀，然后将其撒入苗床

8-6)，并搂平（图8-7）、拍实床面（图8-8），捡去床土内妨碍种子出苗的杂物（图8-9）。

图8-6　将施有三元复合肥、杀菌剂和刹虫剂的苗床土浅挖拌匀

图8-7　耧平苗床土

图8-8　拍实耧平后的床土

图8-9　捡拾床土内的小石块、小塑料片等杂物，以利于种子出苗均匀

（2）浇　水　苗床制作完成后，应及时浇底水（图8-10，图8-11，图8-12，图8-13），浇水量一般宜多，以保证8～10厘米深的土层内均匀湿润。

图8-10　用水管或水渠引水浇灌育苗床

图 8-11　在水管出水口放置塑料片等物，防止床土被冲出凹坑

图 8-12　育苗床底水要浇足

图 8-13　浇育苗底水时，要用铁锹跟水轻轻抹平床面，以利种子出苗整齐

（3）播 种　分干籽播种和浸种播种两种。浸种能够杀死种子携带的病菌，比干籽播种效果好。温汤浸种不宜时

间过长，一般以1小时左右为宜。如果浸种时间超过2～3小时，种子内的营养物质外渗，不仅会降低种子的发芽势；还会因吸水膨胀过度，影响对氧气的吸收，造成种子窒息。播种宜在晴天上午进行，将干籽或浸种过的种子播在刚浇过透水的苗床上。播种分为撒播法（图8-14）和点播法（图8-15，图8-16，图8-17）两种，播种后覆盖0.8～1.0厘米

图8-14　撒播法：要求将种子撒播均匀（露地育苗）

图8-15　点播法（一）：按5～7厘米等距离纵、横向划线，形成5～7厘米见方的小方块

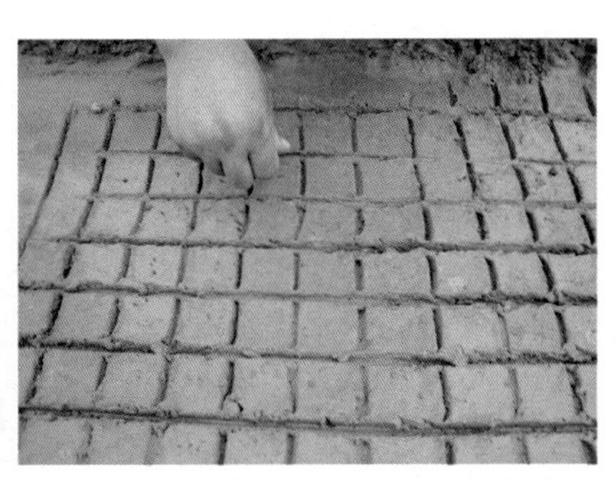

图8-16　续点播法（一）：在小方块中央播入1～2粒种子

图8-17　点播法（二）：按5～7厘米等距离直接点播种子，使种子成等距离见方分布

图 8-18 播种后覆盖 0.8～1.0 厘米厚的细土

厚的细土（图 8-18），为了控制覆土厚度，可间隔 2～3 米放置 1 根直径为 0.8～1.0 厘米的竹棍，作为覆土厚度的指示标志（图 8-19）。覆土后加盖草帘保湿，促进种子发芽（图 8-20）。

图 8-19 覆土前，在床面放置直径为 0.8～1.0 厘米的竹棍，作为盖籽覆土厚度的指示标志

图 8-20 播种覆土后，覆盖草帘保湿，促进种子发芽

2. 苗床管理 要培育壮苗，增强幼苗耐高温和抗病的能力，其管理关键除自然温度和光照要有利于夏甘蓝苗子生长外，还需要保证单苗的营养面积和加强肥水管理。

（1）间 苗 一般夏甘蓝不采用分苗育苗，因而需保证单苗的营养面积。这就一要采用均匀撒种或等距离（5～

7厘米）点播；二要间苗，即从苗出齐到第一片真叶展开（图8-21），要及时间苗。间苗要间除过于密集苗、杂苗、病苗和弱苗，选留符合品种标准性状的壮苗（图8-22，图8-23）。在3片真叶期（图8-24）定苗，保证适当苗距，或每穴留1株健壮苗。

图8-21　从苗出齐到第一片真叶展开，要完成间苗工作，防止幼苗徒长

图8-22　开始间苗时，要间除过于密集的苗

图8-23　后期间苗时，要间除杂苗、病苗和弱苗

图8-24　幼苗长有3片真叶时定苗

（2）肥水管理　夏甘蓝苗期短，幼苗生长快，一般苗龄为30～40天。苗床经常保持湿润，除播种浇透底水外，育苗中期根据天气和苗床干湿度，可浇2～3次水（图8-25，图8-26，图8-27），追施氮肥2次，追施量为每平方米0.025千克。中后期追加1次叶面喷肥，可选用浓度为0.6%尿素、

图8-25　在幼苗1片真叶期浇1次小水

图8-26　在幼苗3片真叶期浇1次水

图8-27　在幼苗4～5片真叶期浇1次水

0.4%磷酸二氢钾和0.1%硫酸锌、硼酸、钼酸铵的复合液，对叶片进行正反两面喷施。喷肥量以肥液从叶面上欲滴而滴不下为宜。

（3）防虫和拔草　苗期温度较高，容易发生害虫和杂草，因此，间隔7～10天要喷药1次，提前预防虫害。发现杂草，要及时拔除（图8-28），以免虫、草吞蚀幼苗。

图8-28　及时拔除苗床杂草

（二）整地和定植

选择地势高燥、便于排水、越冬菜或早春后茬菜为非十字花科的地块栽培夏甘蓝。

1.施足基肥 选用抗热或较抗热夏甘蓝品种，其生长熟性多为中熟和中早熟，比春甘蓝定植后生长期长，因此基肥施用量较大。一般每667平方米施厩肥5 000～7 500千克，磷酸二氢钾肥40千克；有条件的地块可加施500克／667平方米土壤杀虫剂，如地虫克等。

2.适龄定植 夏甘蓝选用半高垄（图8-29）或平畦（图8-30）栽培。定植苗宜早不宜迟，适宜苗龄为5～6片真叶

图8-29 多雨地区选用半高垄栽培夏甘蓝

图8-30 少雨地区选用平畦栽培夏甘蓝

期（图8-31，图8-32）。采用带土坨或带泥苗定植，有利于缓苗和植株健壮生长。定植的前一天下午，对幼苗喷1次防虫和防病药，如百菌清600倍液加万灵3000倍液，或其他

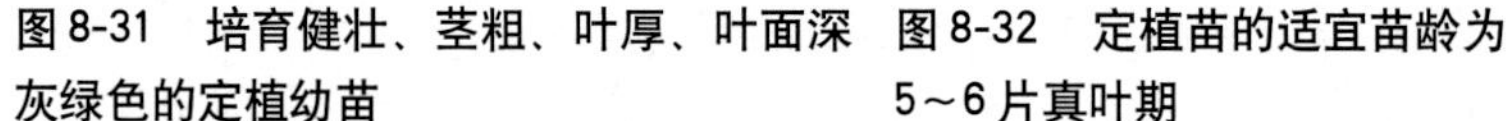

图 8-31　培育健壮、茎粗、叶厚、叶面深灰绿色的定植幼苗

图 8-32　定植苗的适宜苗龄为5～6片真叶期

药剂，同时浇足起苗水，有利于定植时带坨起苗；或定植当天栽苗前1～2小时浇足起苗水，有利于拔苗根系带泥。定植选在温度相对较低的傍晚或阴天；尽量不要损伤定植苗叶片，并且要栽直行内植株（图 8-33），以利于缓苗和日后管理；要随栽苗，随浇水（图 8-34），防止晒伤苗和高温烤

图 8-33　定植时将苗行拉直，便于日后田间管理

图 8-34　及时浇定植苗水

伤苗而延长缓苗时间。当畦内水渗下后，将渠口被土淹埋苗子（图8-35）的周围土去掉，防止幼苗死亡。

图8-35 发现泥土拥苗，要及时将周围泥土去掉

（三）田间管理

图8-36 缓苗水不宜过大、过多

1.浇 水 栽苗后要及时浇稳苗水，天晴高温不雨，连续浇2～3次水，促使降温缓苗，直至幼苗成活，缓苗水不宜过大过多（图8-36）。缓苗后控制浇水，一般相隔7～10天浇1次水。植株外叶封垄后，要逐减浇水次数而加大浇水量。进入莲座中期后，水分管理是栽培成功的关键。浇水应依照地面干湿情况进行，做到不干不浇，经常保持地面湿润。浇水时间，以在早晨或傍晚为好，这可避免高温潮湿带来的不良影响。在结球中后期，如遇暴雨，雨后应及时排水或用井水浇灌，增加土壤含氧量，以利于根系生长，减少黑腐病和软腐病发生危害。

2.中耕追肥 定植缓苗后，等土壤潮湿时，进行中耕

图8-37　苗小，深中耕；苗大，浅中耕

蹲苗（图8-37）。苗大多蹲、苗小少蹲，一般蹲苗6～8天。蹲苗结束时，浇1次水。莲座初期采用环施（图8-38）或穴施（图8-39）方式追肥1次，每667平方米施尿素15千克和磷、钾肥5千克，同时进行中耕。莲座后期进行穴施追肥或跟水追肥。要加大追肥量，每667平方米追施尿素20千克和磷钾肥10千克。进入包球期多进行跟水追肥，一般每浇水2～3次追1次尿素。施肥要少量多次，以氮肥为主。每次每667平方米追施尿素10～15千克。采收前15天停止追肥。

图8-38　环施追肥：在植株周围均匀施肥

图8-39　穴施追肥：在植株一侧挖穴施肥

（四）采　收

夏甘蓝收获季节正值高温期，甘蓝叶球易裂球腐烂，因而叶球包紧后，要及时采收上市，防止损失，提高商品率。

九、高山越夏甘蓝高效栽培关键技术

高海拔地区甘蓝栽培，又称高山越夏或反季节甘蓝栽培（图9-1），是利用高山独特的地理气候条件，在夏、秋季节种植、收获上市，弥补平原地区夏、秋蔬菜品种短缺的一种调节栽培方式。高海拔地区栽培甘蓝，多在海拔1200～1800米的范围内（图9-2），其夏季独特的气候条件和土质，有利于甘蓝生长和干物质积累，其产品质地优良，风味独特。

图9-1　高海拔地区甘蓝栽培

图9-2　高海拔地区栽培甘蓝多在海拔1200～1800米之间进行

（一）品种选择

一般选用叶球极紧实，耐运输，从定植到收获历时60～80天，单球重1.0～1.5千克，叶球圆形，为绿色（图9-3，图9-4）或紫红色（图9-5，图9-6）的甘蓝品种，如珍奇、绿宝石和绿球66等品种。

图 9-3　高山越夏绿甘蓝栽培

图 9-4　高山越夏甘蓝栽培品种一般要求叶球紧实、耐运输

图 9-5　高山越夏紫甘蓝栽培

图 9-6　高山越夏栽培紫甘蓝单株

（二）播种育苗

1.播种时期　甘蓝高山越夏栽培一般1年1茬。在海拔1200～1500米之间处，一般于3月上旬，在海拔1500～1800米之间处，一般于3月下旬开始育苗，4月中旬开始定植，收获期在6月中下旬至9月下旬。播种期应根据上市时期安排，晚熟品种可早播，早熟品种可早播，也可晚播。

2.苗床准备　苗床选用阳畦或小拱棚。早春育苗，外界温度较低，苗床应选择在避风处，以双层薄膜并加草帘覆盖保温。早夏育苗，外界温度较高，应选择通风、向阳处，覆盖一层薄膜保温。

3.播种方法　与春甘蓝育苗相同。

4.苗期管理　播种后苗床上插拱形棚架，盖塑料薄膜密封。播种至出苗前，保持床温为20℃～25℃，促进迅速出苗。当幼苗出土时，白天将拱棚一头薄膜打开通风，晚上盖上；随着幼苗长大，两头逐渐通大风。苗床干旱，可浇少量水。苗子第一片真叶展开时，及时间苗，防止徒长。间苗后立即撒一层细干土，弥补土壤的洞隙和裂缝，以利保墒。定植前7天，揭开所有覆盖物炼苗，进行适应性锻炼。苗龄35～40天，幼苗生长有6～7片真叶时，即可定植。

（三）整地和定植

1.整　地　上一季作物收获后，清洁田园，深翻田块，冬季冻杀病虫害。来年开春土壤解冻后犁耙田地，并每667平方米施基肥3000～4000千克，复合肥100千克。

（1）整地形式

①平畦附带排水沟栽培　主要适于多暴雨山区的甘蓝栽培。畦沟主要用于排水，防止田间积水过多而影响甘蓝生长(图9-7，图9-8)。

图9-7　平畦附带排水沟栽培，畦面宽5～10米，畦长依地形而定

图9-8　平畦附带畦沟，沟深20～30厘米，主要用于排水

②平畦栽培　主要适于降水多，空气湿润，暴雨数量较少的高山地区栽培(图 9-9，图 9-10)。

图 9-9　平畦面宽依地块大小而定

图 9-10　平畦栽培，按照品种适宜密度栽植，无畦埂

③半高垄覆膜栽培　适宜高山地区提早定植、提早收获栽培(图 9-11，图 9-12)。

图 9-11　半高垄覆膜栽培，垄底宽 60～70 厘米，垄面呈圆弧形，高 15～20 厘米，垄间距离依品种而定

图 9-12　半高垄覆膜栽培，垄面定植 2～3 行甘蓝苗

图 9-13　地膜覆盖间套露地栽培，畦宽65～70厘米，沟宽45～50厘米，可同时或分次定植

④地膜覆盖间套露地栽培　主要用于同一地块分次收获栽培(图 9-13)。

2.定　植　选择适宜的栽培畦式，在雨前或雨后土壤足墒时定植。定植前浇透苗床水，轻轻拔出秧苗，用链霉素和乐斯本或其他杀菌、杀虫剂喷洒根部，或用72%农用链霉素10克溶入36升水后蘸根等，实行带药定植。定植密度为品种适宜栽培密度的1～2倍。定植苗深度以埋住第一片真叶叶柄为宜，压实根系周围土壤。如果土壤干燥，则最好选用挖穴落水定植幼苗（图9-14）。

图 9-14　挖穴落水定植幼苗

（四）田间管理

1.中耕除草　在缓苗后的莲座中期，选墒情适中时中耕除草和培土。第一次中耕宜深，锄透畦面，打碎土块，以利保墒，促根生长；莲座期中耕，宜浅锄（图9-15），并向植株周围

图 9-15　莲座期要浅锄，锄除杂草，向茎基培土

图 9-16　叶封垄后，在莲座中后期和结球中期，各集中拔除杂草一次

培土和除草，以促进外短缩茎多生根，有利于结球。莲座叶封垄后，要拔除杂草（图 9-16）。

2. 追肥管理　高山栽培甘蓝施足基肥后，一般不需要追肥，但根据甘蓝长势需要，或在需肥高峰期，可适量追肥。一般选在缓苗后（图 9-17）、莲座后期（图 9-18）和结球中期（图 9-19），每667平方米分别追施尿素或硫酸钾 10～15 千克。

图 9-17　定植缓苗后，穴施或利用施肥器追肥

图 9-18　莲座后期，进行跟雨撒施追肥

图 9-19　结球中期追施一次肥

（五）采　收

进行高山甘蓝栽培，其产品主要运往外地销售，因此所选用品种多为结球极紧实的品种。这类甘蓝品种具有一定的耐裂球性，叶球成熟后有较长的采收期，可根据市场的需求分期分批采收（图9-20）。为便于运输和销售，所收获的叶球，要尽量少带茎秆，但要带两片叶球保护叶（图9-21，图9-22，图9-23，图9-

图9-20　叶球成熟后要及时采收

图9-21　采收叶球时要少带茎秆、但要尽量保留1～2片叶球保护叶，以保护叶球表面不受伤

图9-22　装袋时要轻装、压实，防止叶球因相互摩擦而损坏

24)，以防止外运装菜时损伤球叶，降低商品性。

图9-23　装袋后用甘蓝植株外叶覆盖，防止叶球水分蒸发和阳光暴晒

图 9-24　采收的甘蓝叶球要尽快装车，运往菜市场销售

十、秋甘蓝高效栽培关键技术

（一）播种育苗

秋甘蓝栽培的育苗时期，处在夏季高温季节，因而多采用露地遮荫育苗方法。

1.苗床准备 育苗床选择栽培秋甘蓝的本田或邻近地势高燥、土壤疏松，排水性好，运苗、灌水方便的非十字花科作物田块。

平畦苗床规格，床长10～15米，宽1.2～1.5米（图10-1）。施入育苗土后，将苗床土翻挖暴晒（图10-2）。苗床畦埂宽40～45厘米。秋甘蓝苗期正处在外界气温高、光照强的季节，苗子生长速度快，苗龄短，一般28～30天苗龄

图10-1 平畦苗床一般长10～15米，宽1.2～1.5米

图10-2 翻挖并暴晒育苗土

即可定植。播种前，要细碎、耧平育苗土（图10-3）并踩实、拍平畦埂（图10-4，图10-5）和拍实育苗床土（图10-6）。如果育苗土不实，会引起床面裂缝，不利于幼苗生长。

图10-3　细碎并耧平育苗土

图10-4　多次踩踏畦埂

图10-5　踩实畦埂后，再用铁锹拍平苗床田埂

图10-6　等待播种的育苗床

2.播种方式和播期选择 秋甘蓝采用干籽播种，有撒播和等距离点播两种方式。秋甘蓝的适宜播种期，可视品种的熟性和适应性程度而定，一般晚熟品种要早播，中、早熟品种要晚播。在西北地区，分别于6月上旬至7月中旬播种。播种过早，容易发生病害和裂球腐烂现象；播种过迟，包球不紧，产量降低，商品率下降,而且不宜冬贮。

3.实施播种 秋季栽培甘蓝，每667平方米一般需苗床15～20平方米，撒播需要的种子量为50～80克。做好育苗床后，要放水灌床（图10-7）。如果床面不平整，浇水不均匀时，在床面水未渗透完时，要用平板铁锹将床面高凸处抹平（图10-8）。待床内水渗下后（图10-9）播种(图

图10-7 放水浇灌育苗床

图10-8 用平板铁锹抹平床面

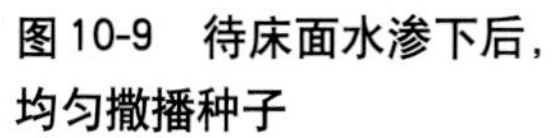

图10-9 待床面水渗下后，均匀撒播种子

10-10，图10-11)，播种后覆盖过筛的细土（图10-12)，厚度为0.5～1.0厘米。过筛细土可掺入多菌灵等杀菌剂，防止苗期病害。为了防止蟋蟀、蚯蚓和蚂蚁等危害出苗，覆土后可在床面喷药预防（图10-13)。随后用草帘覆盖苗床（图10-

图10-10　按6～7厘米等距离点播种子

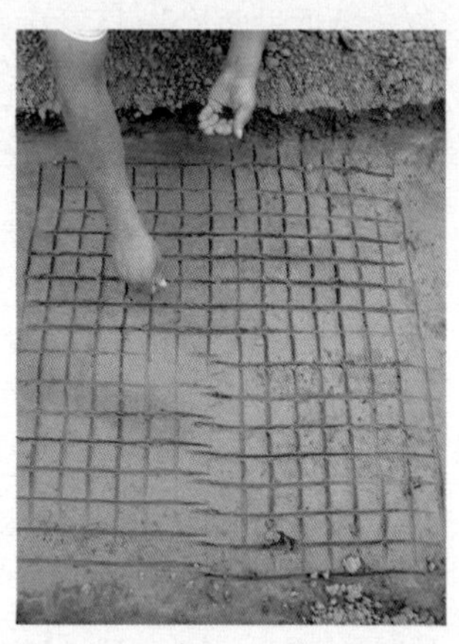

图10-11　在6～7平方厘米方块内点播种子

图10-12　选非十字花科作物田块土，过筛后作覆种细土

图10-13　覆盖细土后及时喷药防虫

14)，以便保湿出苗。当草帘覆盖48～50小时，即种子发芽出土时，应及时揭去草帘，以免揭去草帘过迟而造成芽苗徒长和变黄，或过早揭去草帘而造成表土干燥，不利于出苗。揭帘后，选用遮阳网搭置遮荫棚（图10-15），防止刚出土的芽苗被烤晒。

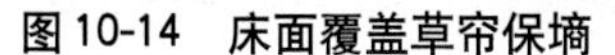

图10-14　床面覆盖草帘保墒

图10-15　揭帘后给苗床搭置遮阳网

4.苗床管理　搞好苗床管理，是培育壮苗、实现秋季甘蓝高效栽培的关键措施。出苗后插好遮荫拱棚，防晒防雨。子叶展开后及时间苗，间稀丛生苗（图10-16），拔掉弱苗、病苗和杂草。床面出现裂缝时，要及时用细土填补好（图10-17）。长出第三片真叶时，按照适当的苗距定苗（图

图10-16　间稀丛生苗，间掉弱苗和病苗，拔除杂草

图10-17　用细土填补裂缝

10-18，图 10-19）。第二片、第四片真叶（图 10-20）展开后，各轻追一次尿素，追量为每平方米 25 克。两片子叶展开，地面干燥时，在下午用小水浇苗（图 10-21）。长出真叶后，经常保持地面湿润，防止过湿。床土过湿，可用草木灰、干细土覆床，防止黑胫病和霜霉病发生。

图 10-18　在 3 片真叶期定苗

图 10-19　定苗时保持苗距为 5～6 厘米

图 10-20　在 2 片真叶期和 4 片真叶期，各追 1 次化肥

图10-21　两片子叶展开，地面干燥时，用小水浇苗

（二）整地和定植

1.整　地　要提早深翻土地，暴晒土壤（图10-22）。施足基肥，每667平方米施厩肥7 500千克，磷、钾肥40千克。定植前7～10天，要打碎土块，按照品种栽培密度整畦（图10-23）。栽培畦式，秋季一般在降水量较少地区，做平畦进行甘蓝栽培（图10-24，图10-25，图10-26）；在降水

图10-22　施入厩肥，深翻土地25～30厘米，暴晒土壤

图10-23　按照品种栽培行距2倍的长度量取畦宽，拉绳做畦埂或半高垄

图10-24　平畦施入磷、钾肥

图10-25　翻挖畦土

图10-26　耧平畦面，准备定植幼苗

量较多地区，采用半高垄栽培（图10-27）。

图10-27　半高垄定植地块

2.定　植　定植时正值高温季节，要用适龄苗及时定植。苗子过大不易缓苗，苗子过小成活率下降。定植前一天，对苗床浇水（图10-28）和喷农药（图10-29）防虫，定

图10-28　定植前苗床浇水，有利于起苗带土坨

图10-29　定植前对苗床喷施农药防虫

图 10-30　适龄定植苗有 6～7 片真叶

植适龄苗为 6～7 片真叶的幼株（图 10-30），定植时要带土坨移栽，注意防止根土的撒落，以免暴露根系和伤根，影响定植后对土壤营养和水分的吸收，延长缓苗期。定植密度应按照品种要求掌握（图 10-31，图 10-32，图 10-33），栽苗时宜

图 10-31　利用株距标尺定位挖定植穴

图 10-32　用手护住叶片将苗子放入穴内

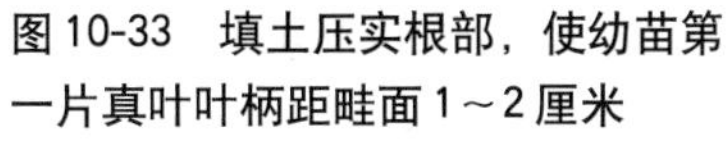

图 10-33　填土压实根部，使幼苗第一片真叶叶柄距畦面 1～2 厘米

浅栽，行株距要均匀（图10-34），并在行之间预栽少量苗子，用于日后补苗（图10-35）。栽完后，应及时灌水。

图10-34 栽直每行苗子，使行株距保持均匀

图10-35 每隔一定距离在两行间栽少量苗子，供缓苗后补苗用

（三）田间管理

适于秋季栽培的甘蓝晚熟品种生育期长，对营养元素和水分的需求量比其他早、中熟品种多，加之外界的气候条件有利于生长，因此秋甘蓝的栽培管理措施不同于春、夏甘蓝，科学施肥和合理灌水是其田间管理的关键。

1. 灌 水 在北方地区，秋甘蓝的定植期正处在高温时期，合理灌水是保证定植苗成活和具有一定同化莲座叶面积的重要措施。苗子定植后，浇第一次稳苗水不宜过大、过多（图10-36）。

图10-36 浇稳苗水不宜过大过多

相隔1天后，再灌1次水，以利降温、缓苗和保苗。缓苗后实行蹲苗，7～10天后再行灌水。莲座初期（图10-37）、莲座中期（图10-38）、包球初期（图10-39）和包球中期（图10-40），至少各灌1次水。灌水以经常保持地面见干、见湿

图10-37 莲座初期灌水1次

图10-38 莲座中期灌水1次

图10-39 包球初期灌水1次

图10-40 包球中期灌水1次

为原则，选在傍晚或早晨进行。从缓苗后到莲座中期，选行间预栽的多余健壮苗子(图10-41)在灌水前补苗，补苗对象有行中的缺苗、病苗(图10-42)、无头苗（图10-43)、多头苗（图10-44)、虫害苗（图10-45)和畸形苗等，用铲子或铁锹带大块根土挖起补苗，

图10-41　选取行间预栽生长健壮的苗子用于补苗

图10-42　病　苗

图10-43　无头苗

图10-44　多头苗、畸形苗

图10-45　虫害苗

（图 10-46）；发现田间双头植株（图 10-47）后，及时去掉其中 1 个头，以保证植株健壮生长，或者进行补苗。

图10-46　将预栽苗挖出，补在缺苗处，补栽后浇水

图10-47　对双头植株，可打掉一个头，或进行补苗

图 10-48　定植后及时中耕，防止地面板结

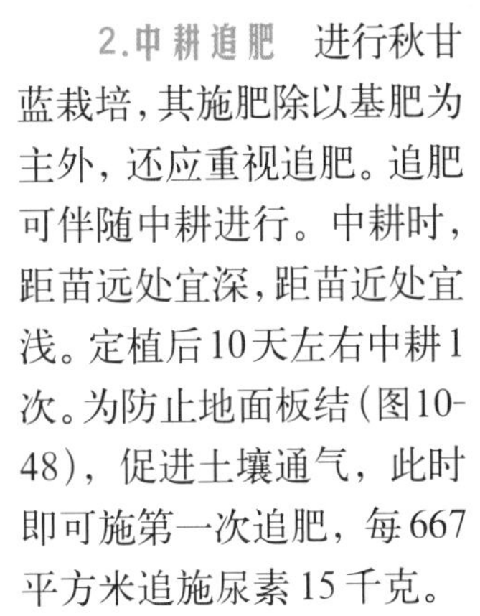

2.中耕追肥　进行秋甘蓝栽培，其施肥除以基肥为主外，还应重视追肥。追肥可伴随中耕进行。中耕时，距苗远处宜深，距苗近处宜浅。定植后 10 天左右中耕 1 次。为防止地面板结（图 10-48），促进土壤通气，此时即可施第一次追肥，每 667 平方米追施尿素 15 千克。

莲座初期可施第二次追肥（图 10-49），要加大施

图 10-49　莲座初期，追肥 1 次，追肥应距根 10 厘米左右

图10-50　莲座初期，中耕除草1次，挖除杂草

肥量，每667平方米追施尿素15～20千克。第二次追肥可伴随中耕除草进行（图10-50）。对于根系较深、容易再生的杂草，可用小铲深挖，将其铲除。

莲座中后期要进行中耕松土，并进行第三次追肥（图10-51）。这是重点施肥时期，每667平方米应追施复合肥50千克，或尿素和过磷酸钙各15～20千克。追肥后，拔除行间用于补苗的预栽多余苗。

图10-51　莲座中后期，进行中耕松土，并重点追施肥料1次

结球期同样需要大量的肥料和水分，虽然充足的基肥和莲座期追肥都可以供叶球生长，但还需适当追肥2次，才能满足外叶大量制造养分和叶球膨大的需要。要特别多施有机肥，以便有利于提高叶球的品质。

结球初期，要穴施追肥（图10-52），一般每667平方米追施尿素20千克和钾肥5千克，并适当根外追肥

图10-52　结球初期，进行穴施追肥

2～3次。莲座中期后，只能用手拔除田间杂草（图10-53）。在拔除杂草时，要防止损伤叶片。

图10-53　莲座中期，拔除田间杂草，但要防止损坏叶片

3.喷药防虫　甘蓝叶面附着有大量蜡粉，喷的药剂往往很难黏附在叶面，故一般喷药时最好在药剂中加入少量粘附剂（图10-54），使防虫药容易附着叶面，能够提高防治效果。打药时间一般选在下午或阴天（图10-55）。

图10-54　在药剂中加入少量粘附剂，如洗衣粉等，使药剂容易附着叶面

图10-55　选在下午或阴天喷药防虫

（四）采收与贮藏

甘蓝叶球充实后，北方地区在10月下旬即开始采收，陆续供应市场。冬贮甘蓝在11月下旬至12月上旬采收。冬贮时带1～2片外叶采收，以保护叶球，延长冬贮时间；但采收时必须防止主根过长，以免贮藏时戳坏菜叶。

十一、甘蓝主要病虫害及其防治技术

（一）主要病害及其防治技术

1.猝 倒 病

【症 状】病苗的茎基部出现水渍状病斑，接着病部变成浅黄褐色，像热水烫伤状，很快转变为黄褐色而缢缩。病势迅速发展，使子叶尚未呈现萎蔫仍保持绿色时，幼苗便已倒伏死亡。有时幼苗尚未出土，胚茎和子叶已普遍腐坏。开始时只见个别幼苗发病。几天后，即以此为中心向外蔓延扩展，最后引起成片幼苗猝倒。在苗床高温多湿的情况下，病苗基部可出现一些白色棉絮状菌丝。一般在幼苗子叶期或第一片真叶尚未完全展开前较易发病（图11-1，图11-2）。

图 11-1 甘蓝苗猝倒病成片倒伏症状

【发病条件】土壤和空气湿度较高，光照不足。老菜田土苗床易发病。

图 11-2 甘蓝苗猝倒病近视症状

【防治方法】

第一，育苗地宜选择地势高燥、排水良好和无病害的地块。

第二，进行种子消毒。播种前可用种子重量0.3%的50%福美双及65%代森锌可湿性粉剂拌种。

第三，采取点播方式播种，若进行撒播，则密度要适宜。发现病苗后要立即拔除并销毁，及时消除病源。

第四，药剂防治。发病初期，可用75%百菌清可湿性粉剂600倍液，或60%福美双可湿性粉剂500倍液进行喷雾防治。

2.黑胫病（又称根朽病）

【症 状】 甘蓝幼苗叶部初期出现不甚明显的淡褐色病斑，后变成灰白色，上面散生许多黑色小粒点。根及茎基部产生长条形浅灰色病斑，稍凹陷，边缘带紫红色，病斑上散生小黑点，植株因茎基溃疡而易倒伏，一触即断。重病苗床的苗子连片垂萎。拔起死苗后可见主、侧根全部腐朽或产生条纹状溃疡裂开，皮层一捏即脱（图11-3，图11-4）。有些幼苗在主根死亡后，其上端健部可再生新侧根，但发育不良。此病在秋季育苗的苗床较为多见。在重病区，春栽甘蓝

图11-3 5叶幼苗黑胫病初期症状

图11-4 5叶幼苗黑胫病后期症状

苗床也有发生。以幼苗的中后期发生严重，有些年份在莲座期也爆发此病（图 11-5，图 11-6）。

图 11-5　幼苗黑胫病茎部症状

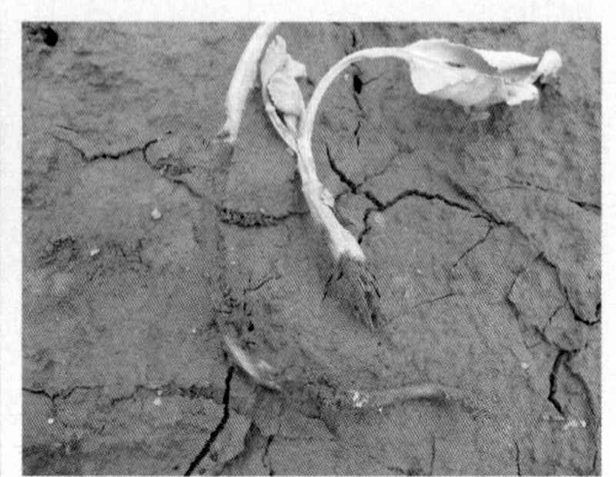

图 11-6　田间植株黑胫病症状

【发病条件】　高温季节潮湿多雨或雨后骤晴、土壤板结、通气不畅，是病害流行的主要因素。

【防治方法】

第一，进行温汤浸种和种子消毒。播种前，用 50℃温水浸种 20 分钟，或用为种子重量 0.4%的 50%DT 可湿性粉剂与 50% 福美双可湿性粉剂，进行拌种消毒。

第二，用无菌育苗土育苗，或用 50% 代森铵 200～400 倍液浇灌苗床土壤。

第三，移栽无病壮苗，合理灌水，雨后及时排水防渍。

第四，药剂防治。用 64%杀毒矾，或 70%代森锰锌可湿性粉剂 350～500 倍液，或 40%甲基托布津 600 倍液，在发病时进行喷雾防治。

3. 沤 根

【症 状】 幼苗出土后长期不发新根，幼根外皮呈锈褐色，逐渐腐烂。严重时侧根或主根木质部也腐烂脱落，致使地上部全株萎蔫死亡，极易从土中拔出，病根有明显的异味，表皮成稠黏糊状（图 11-7，图 11-8）。

图 11-7 甘蓝植株沤根病萎蔫症状

图 11-8 甘蓝植株沤根病萎蔫死亡症状

【发病条件】沤根主要是由于苗床土温长期低于12℃，加之浇水过量，或遇连阴天，光照不足，致使幼苗根系在低温、过湿和缺氧状态下，发育不良而造成发病的。

【防治方法】 播种时一次浇足底水，出苗过程中要适当控水，严防床面过湿；提高土壤温度（土温尽量保持在16℃以上），床面过湿要及时覆干细土和草木灰等，提高土壤干爽程度。

4.病 毒 病

【症 状】 病毒病是由病毒引起的病害。在苗期和成株期都易发生。发病后叶片呈现花叶症状，植株矮化，畸形，发育缓慢。较重病株叶片严重花叶，多数或全部叶片畸形，皱缩，老叶背面出现坏死斑点。较轻病株心叶及中部叶片出现花叶或明脉，少数叶片畸形或皱缩。植株包心，但结球迟且疏松（图11-9，图11-10，图11-11）。

图11-9　病毒病苗期症状

图11-10　病毒病莲座期症状

图11-11　病毒病结球期症状

【发病条件】　气温高，干旱；土温高，土壤湿度低；播期过早等，都利于病毒病的大发生。

【防治方法】

第一，选用抗病品种。

第二，消灭蚜虫。其防治方法详见本书“主要害虫及其防治技术”中的菜蚜防治方法。

第三，加强栽培管理，增强植株的抗性。定植时剔除病苗和弱苗。对土壤要进行深翻、冬灌或夏晒，以增加通透性，培育强根系的壮苗，增强幼苗抗病能力。定植地要与前茬或邻作十字花科作物错开，并及时清除田园杂草，减少病毒源。

第四，药剂防治。发病初期，喷施20%病毒A可湿性粉剂500倍液，1.5%植病灵乳剂1000倍液，或5%菌毒清水剂300倍液等药剂，进行有效防治。

5.黑腐病

【症 状】 黑腐病是一种细菌引起的维管束病害，它的症状是引起维管束坏死变黑。幼苗被害，子叶呈现水浸状，逐渐枯死或蔓延至真叶，使真叶的叶脉上出现小褐斑点或黑褐色细条。成株莲座期一般从湿度较大的下部叶片开始发病。细菌从叶缘的水孔侵入后，先形成三角形褪绿黄斑，叶缘产生玉米粒大小的黄褐色坏死斑，再沿叶脉蔓延，逐渐扩大成“V”字形或长条形斑块，边周伴有黄色褪绿晕带。进入结球期后，病害不断加重，受害叶位也随之升高。由于水孔侵入点的逐渐增多，叶缘造成火烧似的卷缩烧边。许多病斑相互联结成片，致使大量外叶枯死。甘蓝球叶受害后，坏死病斑便由上至下、由外向内产生黑褐色烂泥状腐烂，稍黏稠，有酸臭味。这些表现与软腐病脱帮有明显的区别（图11-12，图11-13，图11-14，图11-15，图11-16，图11-17）。

图11-12 苗期叶片感染黑腐病症状

图11-13 包球叶片感染黑腐病症状

图 11-14　包球初期感染黑腐病症状

图 11-15　紫甘蓝包球初期感染黑腐病症状

图 11-16　包球中期感染黑腐病症状

图 11-17　包球后期感染黑腐病症状

【发病条件】　高温、高湿和多雨，有利于发病。秋早播、夏晚播和连作地往往发病重。

【防治方法】

第一，实行与非十字花科作物 2～3 年轮作。

第二，选用抗病品种。

第三，种子消毒。干种子在 60℃下进行干热灭菌 6 小时，或 50℃温汤浸种处理 20 分钟，也可用 45%代森铵 400 倍液浸种 15 分钟，或 200 毫克 / 升新植霉素、20% 噻菌酮

1 000 倍液浸种 15 分钟，洗净、晾干后进行播种。

第四，喷药防治。用可杀得 77% 可湿性粉剂 500～800 倍液，50% 琥胶肥酸铜可湿性粉剂 1 000 倍液，60% 琥 · 乙磷铝（DTM）可湿性粉剂 1 000 倍液等，进行喷施防治。每隔 7～10 天防治一次，共喷 2～3 次。以上各种药剂宜交替施用。为了增加黏着性，可在每 10 千克药剂中加中性洗衣粉 5～10 克。

第五，避免机械损伤和虫伤，减少病原菌入侵口。

6.霜 霉 病

【症 状】 幼苗叶背产生大量棉絮块状、白色霜状霉层，正面出现黄色褪绿斑块，扩大后常受叶脉限制而成多角形。有些品种上布有大量黑褐色小枯点，严重时叶茎变黄枯死。甘蓝进入营养贮藏器官开始生长期以后，雨后病情迅速发展，近地面平展叶均连片枯死，植株叶片从外向内部层层干枯，最后只剩下一个叶球（图 11-18，图 11-19，图 11-20，图 11-21）。

图 11－18 霜霉病危害幼苗叶片症状（正面）

图 11－19 霜霉病危害幼苗叶片症状（背面）

图11-20　霜霉病危害莲座叶片症状（正面）

图11-21　霜霉病危害莲座叶片症状（背面）

【发病条件】 潮湿温暖，易于该病害大流行。播种早，通风不良，连作地，底肥不足，密度过大，结球期缺肥，生长差的植株，发病也都重。

【防治方法】

第一，选用抗性强的品种。

第二，与非十字花科作物实行2年以上轮作。

第三，进行种子消毒。播前用种子重量0.3%的25%甲双灵可湿性粉剂，或50%福美双可湿性粉剂拌种，消灭种子上的病原。

第四，适期播种，合理密植，施足基肥，及时中耕除草，降低田间地面湿度，增施磷、钾肥和有机肥，莲座期后不要缺水缺肥。

第五，药剂防治。在发病初期或出现中心病株时，喷洒1:2:300波尔多液，25%瑞毒霉或甲霜灵可湿性粉800倍液，70%代森锰锌或58%甲霜灵锰锌、58%瑞毒霉锰锌、64%杀毒矾可湿性粉400～500倍液，40%乙磷铝200倍液，50%瑞毒铜或75%百菌清可湿性粉600倍液进行防治。每隔5～7天喷防1次，连续2～3次。喷药必须细致周到，特别应喷到老叶背面，否则效果受影响。

7.软 腐 病

【症 状】 软腐病在甘蓝包心期至贮藏期发生。包心期发病时，初时外叶在晴天呈萎蔫状下垂，而阴天或早晚均能恢复正常状态。随着病害的不断加重，植株逐渐失去恢复能力，整个或大部分叶片青枯。叶柄基部、茎基部或根上部先产生水渍状病斑，呈淡灰黄色，组织黏稠湿腐成烂泥状，有恶臭味。病斑向上、下、左、右扩展蔓延，造成茎基和根、叶柄腐烂。病斑成片状由叶柄再向上扩展，最终使有些叶球由外向内不断腐烂。由根部向上扩展时，叶球则由内向外腐烂，成乳黄色烂泥状，有臭味，最终失去商品价值。由于根和茎基受害后组织变脆，因而叶球极易脱落，一触即倒，发病晚期病株自行倾倒。贮藏期间，生病叶球易脱帮或腐烂，受害叶叶脉变为黑褐色（图11-22，图11-23，图11-24，图11-25，图11-26，图11-27）。

图11-22 春栽早熟品种甘蓝软腐病中期症状

图11-23 秋栽中熟品种甘蓝软腐病初期症状

图 11-24　秋栽中熟品种甘蓝软腐病中期症状

图 11-25　秋栽中熟品种甘蓝软腐病后期症状

图 11-26　秋栽晚熟品种甘蓝整株感染软腐病症状

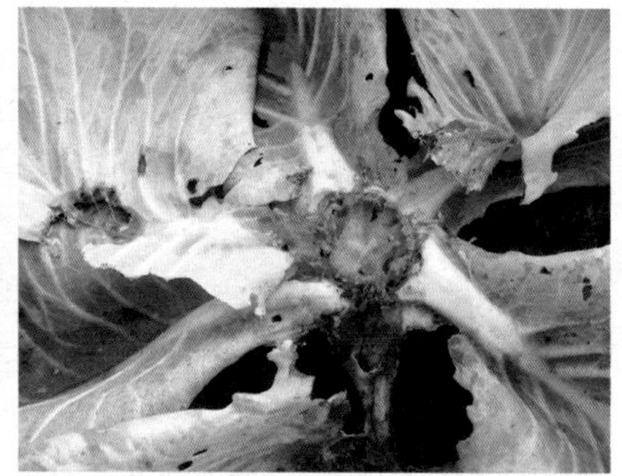

图 11-27　秋栽晚熟品种甘蓝软腐病严重时叶球脱落症状

【发病条件】 咀嚼式口器昆虫密度大，早播株衰弱，多雨湿热气候，土壤干裂伤根，肥料未腐熟，连作地块，植株自然裂口多，以及黑腐病严重时，此病易大发生。

【防治方法】

第一，采取农业防病措施。定植前深翻暴晒土壤，选择前茬为豆类和葱蒜类等作物的地块，地势要排灌方便，避免低洼、黏重。适期播种定植，加强田间管理，合理灌水追肥，一促到底，及时清除发病植株，穴内施以消石灰进行灭菌。

第二，防治害虫，避免虫伤。黄条跳甲、菜青虫、甘蓝夜蛾、小菜蛾、芜菁叶蜂、猿叶虫和地蛆等为害造成的伤口，病菌极易入侵，加之虫体也可带菌，造成病害的传播蔓延。因此，应及时施药防治害虫。

第三，药剂防治。发病前和发病初，及时在靠近地面的叶柄基部和茎基喷药。有效药剂可选 72% 农用链霉素或新植霉素4 000～5 000倍液，可杀得 77% 可湿性粉剂 800倍液，14%络氨铜水剂400倍液，进行轮换喷施防治，可收良好效果。

（二）主要害虫及其防治技术

1.菜粉蝶 菜粉蝶的幼虫为菜青虫，属于鳞翅目粉蝶科（图 11-28，图 11-29）。

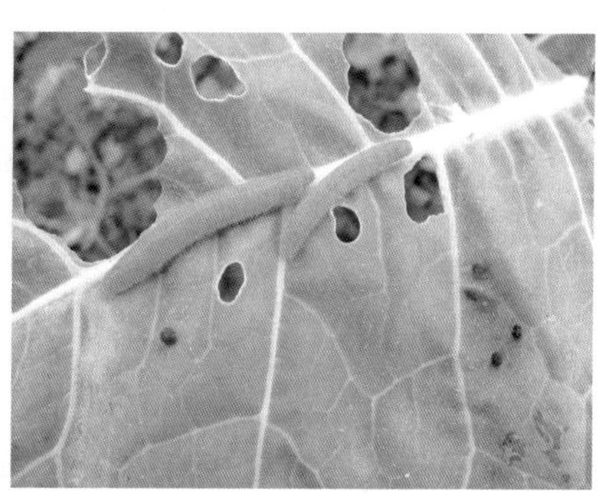

图 11-28　菜青虫

图 11-29　菜粉蝶

【主要危害症状】 初孵幼虫在叶片背面取食，只留下表皮。稍大幼虫将叶片吃成网状或缺刻，严重时仅留叶脉。

虫粪落在叶面和菜心内，常出现腐烂。造成的伤口常导致软腐病发生（图 11-30，图 11-31，图 11-32，图 11-33）。

图 11-30　莲座初期菜青虫危害症状

图 11-31　莲座后期菜青虫危害症状

图 11-32　结球初期菜青虫危害症状

图 11-33　结球中期菜青虫危害症状

【防治方法】

第一，清除田间残株和菜叶，减少虫源。

第二，进行药剂防治，用 20% 灭幼脲 1 号（除虫脲）悬乳剂 500～1 000 倍液喷雾，或用 90%敌百虫 800 倍液，80%敌敌畏乳剂 1 000 倍液，20%速灭丁（杀灭菊酯）或 2.5%的敌杀死（溴氰菊酯）4 000 倍液，20%灭扫利乳油

6 000～8 000 倍液喷雾，杀灭菜粉蝶害虫。

2.菜　蚜　为害种类有甘蓝蚜（菜蚜）、桃蚜（烟蚜）和萝卜蚜，均属同翅目，蚜科（图 11-34，图 11-35）。

图 11-34　甘蓝蚜

图 11-35　桃　蚜

【主要危害症状】　蚜虫以成虫或若虫群集在幼苗、嫩叶的背面及嫩茎上，用刺吸式口器吸食汁液，形成褪色斑点，使叶色变黄，叶面皱缩卷曲，植株变得矮小，严重时甘蓝不能结球。蚜虫还可以传播病毒病，其危害甚至超过蚜害本身（图 11-36，图 11-37，图 11-38，图 11-39）。

图 11-36　蚜虫危害甘蓝幼苗状

图 11-37　蚜虫危害莲座初期甘蓝状

图 11-38　蚜虫危害莲座中期甘蓝状

图 11-39　蚜虫危害包球初期甘蓝状

【防治方法】

第一，春季铲除田边杂草，减少蚜虫数量。

第二，栽培甘蓝要尽量选择远离越冬十字花科和能够使蚜虫越冬的其他作物的田块。

第三，采用黄板诱杀菜蚜。用木板或白色厚塑料薄膜，制成长 0.5～1.0 米，宽 0.3～0.5 米的长方形牌子，在正、反两面均涂上橙黄色涂料，再刷上 10 号机油（图 11-40）。把黄板悬挂或插在田间（图 11-41），引诱有翅蚜飞到黄板

图 11-40　塑料制成的诱蚜黄板

图 11-41　将诱蚜黄板扦插于田间诱杀蚜虫

上被粘住。7～10天后重新涂刷1次机油。每667平方米田块设黄板30～40快。

第四，药剂防治。可采用50%抗蚜威可湿性粉1000倍液，对蚜虫喷施具有特效；还可选喷10%吡虫啉可湿性粉剂1000～2000倍液，2.5%敌杀死（溴氰菊酯）5000～7000倍液，50%敌敌畏乳油1000～1500倍液；每5～7天喷药1次，连续喷2～3次。由于甘蓝叶片蜡质较多，为了增加药剂的黏着性，每10千克药剂可加中性洗衣粉5～10克。

3.菜　蛾　菜蛾又名小菜蛾、方块蛾、两头尖和小青虫。幼虫俗称“吊死鬼”。属于鳞翅目，菜蛾科。其虫态如图11-42，图11-43，图11-44，图11-45所示。

图11-42　菜蛾小幼虫

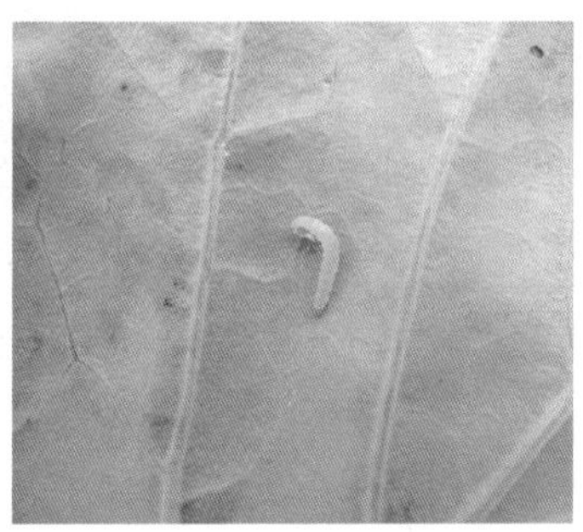

图11-43　菜蛾幼虫

图11-44　菜蛾蛹

图11-45　菜蛾成虫

【主要危害症状】 低龄幼虫啃食叶肉，残留叶面表皮形成透明斑，或在叶柄、叶脉内蛀食形成小隧道。3龄后将叶片食成孔洞和缺刻，严重时全叶被吃成网状。苗期幼虫喜欢集中在心叶为害，严重影响植株生长和包球（图11-46，图 11-47，图 11-48）。

图 11-46　菜蛾低龄幼虫危害症状

图11-47　菜蛾3龄后幼虫危害幼苗叶症状

图 11-48　3龄菜蛾幼虫危害莲座叶症状

【防治方法】

第一，进行农业防治。避免十字花科蔬菜周年连作，秋季栽培时选择离虫源远的田块，收获后及时清除残株落叶，进行翻耕，消灭虫口。

第二，用黑光灯诱杀成虫。在成虫发生期，每667平方米甘蓝田放置黑光灯1盏，高度为1.5米左右，灯下放一个大水盆，盆内水面滴入一些煤油，使灯距水面20厘米左右，每天早晨捞去盆中的成虫集中杀死。

第三，用性诱剂诱杀。可用当天羽化的雌蛾活体或粗提物诱杀雄蛾。

第四，进行生物防治。可用细菌农药，如杀螟杆菌、青虫菌、140和7216等苏芸金杆菌，每克含100亿活孢子的500～1000倍液喷射。保护天敌，或人工饲养后释放，用以控制菜蛾。

第五，进行药剂防治。可用B.t.(苏芸金杆菌）乳剂500～800倍液、灭幼脲1号制剂500～800倍液、5%的锐劲特3000倍液、24%的万灵水剂1000倍液等药剂，进行喷雾防治。喷药时要重点喷布叶片背面。

4.菜　蝽　菜蝽又名花菜蝽、斑菜蝽和萝卜赤条蝽，属半翅目，蝽科（图11-49，图11-50）。

图11-49　菜　蝽

图11-50　菜蝽交尾

【主要危害症状】　成虫和若虫刺吸叶片汁液，尤其喜欢刺吸嫩芽、嫩茎和嫩叶的汁液，在被刺处留下黄白色至微黑色斑点。幼苗子叶期受害后则萎蔫甚至枯死（图11-51，图 11-52）。

图 11-51 菜蝽危害症状

图 11-52 菜蝽危害症状

【防治方法】

第一，人工除虫。进行冬耕和清理田间残叶与杂草，可消灭部分越冬成虫。在卵盛期，人工摘除卵块。

第二，进行药剂防治。重点喷药防治成虫和1～2龄若虫。药剂主要有80%敌百虫可湿性粉剂1000～1500倍液，2.5%溴氰菊酯乳油3000～4000倍液，2.5%功夫乳油3000～4000倍液等，可选择喷施，防治菜蝽。

5.黄曲条跳甲 又名菜蚤子、土跳蚤和黄条跳甲，属鞘翅目，叶甲科（图 11-53）。

图 11-53 黄曲条跳甲成虫

【主要危害症状】 成虫食叶，以幼苗期受害最严重。刚出土的幼苗、子叶被吃后，轻者叶片出现凹陷斑（图11-54），重者幼苗死亡。幼虫只危害幼根，蛀食根皮，咬断须根，使叶片萎蔫枯死。

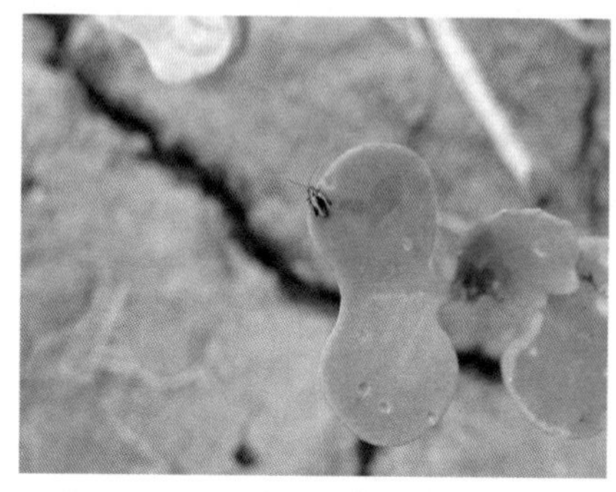
图 11-54 黄曲条跳甲危害子叶症状

【防治方法】

第一，进行农业防治。一是清除田块内的残株落叶，铲除杂草，消灭其越冬场所和食料基地；二是播前深耕晒土，造成不利于幼虫生活的环境并消灭部分蛹。

第二，实施药剂防治。该虫发生后，可选喷80%敌百虫可湿性粉剂1 000倍液，50%辛硫磷乳油1 000～1 500倍液，25%杀虫双水剂1 000倍液，21%灭杀毙乳油4 000倍液等药剂进行防治。喷药可从田块的周边开始喷洒，以防止成虫逃走。

图 11-55 蛴 螬

6.蛴 螬 蛴螬是华北大黑鳃金龟的幼虫，又名白地蚕、白土蚕，属鞘翅目，鳃金龟科（图11-55）。蛴螬为土栖昆虫，生活、为害于地下。以成虫、幼虫交替越冬。若以幼虫越冬。翌年春季危害重，一般当10厘米深处土温达5℃时开始上升至表土层，13℃～18℃时活动最盛，23℃以上则往深土中移动；若以成虫越冬，翌年夏、秋季危害重。成虫昼伏夜出，白天潜伏于土层中和甘蓝根际，傍晚开始出土活动。成虫具有趋光性，对黑光灯趋性强。对厩肥和腐烂的有机物也有趋性。

【主要危害症状】蛴螬食害甘蓝定植苗近地面的茎部，使植株的茎部被咬断而死亡，造成缺苗（图11–56，图11–57）。

图11-56　蛴螬危害甘蓝植株导致死亡

图11-57　蛴螬咬断甘蓝植株茎秆

【防治方法】

第一，农业防治。①对于蛴螬发生严重的地块，在深秋或初冬翻耕土地，不仅能直接消灭一部分蛴螬，而且能将大量蛴螬暴露于地表，使其被冻死、风干或被天敌啄食、寄生等。一般可压低虫量15%～30%，明显减轻第二年的危害。②合理安排茬口。前茬口为豆类、花生、甘薯和玉米的地块，常会引起蛴螬的严重危害，这与蛴螬成虫的取食与活动有关，在安排茬口时要加以避免。③避免施用未腐熟的厩肥。金龟子对未腐熟的厩肥有强烈趋性，常将卵产于其内，如施入田中，则会带入大量虫源，加重对甘蓝的危害。④合理施用化肥。碳酸氢铵、腐殖酸铵、氨水、氨化过磷酸钙等化学肥料，能散发出氨气，对蛴螬具有一定的驱避作用。⑤合理灌溉。土壤温、湿度直接影响蛴螬的活动。对于蛴螬发育最适宜的土壤含水量为15%～20%，土壤过干或过湿，均对蛴螬生长发育不利，甚至造成死亡。因此，在不影响甘蓝生长发育的前提下，对于灌溉要合理地加以控制。

第二，诱杀成虫。利用成虫的趋光性，设置黑光灯诱杀。也可用性诱剂诱杀。还可利用成虫喜食树木叶片的习性，在成虫盛发期，取20～30厘米长的榆、杨、刺槐等树的带叶枝，浸入40%氧化乐果乳油30倍液中，取出后在傍晚插入田间；或每公顷放置150～225小堆树叶，喷洒上40%氧化乐果800倍液，诱杀成虫。

第三，药剂防治。①施毒土。用50%辛硫磷乳油250～300毫升，加3～5倍水，喷洒在25～30千克的细土中，边喷边拌匀，制成毒土，撒施后浅耕。②喷雾或灌杀。选用50%辛硫酸乳油1 000倍液，25%增效喹硫酸乳油1 000倍液，40%乐果乳油1 000倍液，30%敌百虫乳油500倍液或80%敌百虫可溶性粉剂1 000倍液，喷洒或灌杀。

第四，人工防治。发现田间出现断苗时，于清晨拨开断苗附近的表土，捕捉并杀死蛴螬。

参考文献

[1] 中国农业科学院蔬菜研究所主编.中国蔬菜栽培学 [M]. 北京：中国农业出版社，1987.

[2] 张恩慧，许忠民.甘蓝高效生产新技术 [M]. 杨凌：西北农林科技大学出版社，2003.

[3] 陆帼一，程智慧.甘蓝类蔬菜周年生产技术 [M]. 北京：金盾出版社，2002.

[4] 韩世栋.蔬菜生产技术 [M]. 北京：中国农业出版社，2006.

[5] 沈火林，眭晓蕾.甘蓝、花椰菜无公害高效栽培 [M]. 北京：金盾出版社，2003.

[6] 商鸿生，王风葵，徐秉良.白菜甘蓝萝卜类蔬菜病虫害诊断与防治原色图谱 [M]. 北京：金盾出版社，2003.